Band 4

OUTDOORHANDBUCH

Reinhard Kummer

Karte Kompaß GPS

BASISWISSEN FÜR DRAUSSEN

Alle Informationen, schriftlich und zeichnerisch,
wurden nach bestem Wissen
zusammengestellt und überprüft.
Sie waren korrekt zum Zeitpunkt der Recherche.
Eine Garantie für den Inhalt,
z.B. die immerwährende Richtigkeit
von Preisen, Adressen, Telefon/Faxnummern
sowie Internet-Adressen, Zeit- und sonstigen Angaben
kann naturgemäß von Verlag und Autor,
auch im Sinne der Produkthaftung,
nicht übernommen werden.

Der Autor und der Verlag sind für Lesertips und
Verbesserungen (besonders als E-Mail oder auf Diskette)
unter Angabe der Auflagen- und Seitennummer dankbar.

Leser, deren Einsendung verwertet wird,
werden in der nächsten Ausgabe genannt
und erhalten als Dank ein Exemplar der neuen Auflage
oder ein anderes Buch ihrer Wahl
aus dem Programm des Verlags.

OutdoorHandbuch aus der Reihe Basiswissen für Draußen, Band 4

Karte Kompass GPS

ISBN 3-89392-304-7, 3. überarbeitete Auflage

Dieses OutdoorHandbuch wurde konzipiert und redaktionell erstellt vom
Conrad Stein Verlag, In der Mühle, 25821 Struckum
☎ 04671/931314, FAX 04671/931315
<outdoor@tng.de> <http://outdoor.tng.de>
für die OutdoorHandbuch Stein KG, Struckum.

Unsere Bücher sind überall im Buchhandel und in cleveren Outdoorshops in Deutschland, Österreich und der Schweiz erhältlich.
Auslieferung für den Buchhandel:
(D) Prolit, Fernwald und alle Barsortimente,
(A) freytag & berndt, Wien,
(CH) AVA-buch 2000, Affoltern und Schweizer Buchzentrum.

Text und Abbildungen: Reinhard Kummer
Titelfoto: Onneken Ingenieurbüro
Fotos: Reinhard Kummer, Conrad Stein, Foto S.69 Garmin
Lektorat: Inga Klingner und Marie-Luise Tolkmit
Gesamtherstellung: Breklumer Druckerei, 25821 Breklum

Dieses OutdoorHandbuch hat 97 Seiten mit 7 s/w Abbildungen
sowie 48 Illustrationen.
Es wurde auf chlorfrei gebleichtem Papier gedruckt.

001480007800

Inhalt

VORWORT

"Wir wandern ohne Sorgen fröhlich in den Morgen" heißt es in einem alten Volkslied. Und damit die Fröhlichkeit nicht schwindet, ist es notwendig, niemals die Orientierung zu verlieren. Diese kleine Navigationslehre enthält die Grundzüge der Kurs- und Standortbestimmung mit Karte, Kompaß und GPS, wie sie der Wanderer, Kanufahrer und Führer von Landfahrzeugen benötigt.

Nicht nur in der Wildnis, sondern auch in sorgfältig ausgeschilderten Wandergebieten kann es vorkommen, daß plötzliche Wetterumschwünge mit schlechten Sichtverhältnissen, umgekippte Wegweiser sowie unvollständiges oder altes Kartenmaterial die Orientierung erschweren. Ein Kanufahrer, der vielleicht einen großen See überqueren muß, braucht präzise Karten und Instrumente, um den Ausfluß des Gewässers zu finden. Und auch ein Rad-, Motorrad- oder Autofahrer braucht manchmal Orientierungshilfe, um beispielsweise ein Gelände, welches nur mit unscheinbaren Pisten durchzogen ist, durchqueren zu können.

Navigation mit Karte, Kompaß und GPS ist kein Selbstzweck, sondern Notwendigkeit. Die Methoden sind einfach und für jeden schnell erlernbar.

Reinhard Kummer

Über den Autor

Reinhard Kummer, Jahrgang 1959, lebt und arbeitet in Kiel. Durch das Studium der Geografie, langjährige Tätigkeit in einem Globetrotter-Ausrüstungsladen und als jetziger Mitinhaber einer geografischen Buchhandlung konnte er ein umfangreiches Wissen über Karte, Kompaß und GPS sammeln. Vertieft wurden diese Kenntnisse in der Praxis durch zahlreiche Wander-, Kanu- und Segelreisen.

KARTENKUNDE 1: GRUNDLAGEN UND BEGRIFFE

Abb. 1: Vom Erdkörper zur Karte

Was sind Karten?

Der Kartograf E. Imhoff definiert Karten als "verkleinerte, vereinfachte, inhaltlich ergänzte und erläuterte Grundrißbilder der Erdoberfläche oder von Teilen der Erdoberfläche" (☞ Abb. 1, vorige Seite).

Das Entstehen einer Karte

Die Hauptaufgabe der Kartografie ist es, die kugelförmige Erde auf eine ebene Fläche zu übertragen. Dazu muß als erstes der Erdkörper in Größe und Form genau festgelegt werden. Zweitens ist ein weltumspannendes Koordinatensystem notwendig, um jeden Ort in seiner Lage genau bestimmen zu können. Drittens müssen Kartennetzentwürfe entwickelt werden, die geeignet sind, das Koordinatensystem in einer ebenen Fläche abzubilden. Viertens muß ein brauchbares Verkleinerungsverhältnis gefunden werden, um eine Vielzahl an Informationen darstellen zu können. Gleichzeitig müssen in der Landschaft flächendeckend präzise vermessene "trigonometrische Punkte" (TP) angelegt werden.

Diese Punkte werden dann in den Kartennetzentwurf übertragen. Luftbilder und örtliche Ergänzungsmessungen liefern schließlich eine Fülle von Daten, die mit Hilfe grafischer Zeichen aufbereitet und an den trigonometrischen Punkten ausgerichtet im Kartennetzentwurf eingezeichnet werden.

Aus diesen sehr detaillierten Grundkarten werden durch Vereinfachung und Zusammenfassung der Informationen alle weiteren Karten abgeleitet.

Generell wird zwischen "topografischen" und "thematischen" Karten unterschieden. **Topografische Karten** versuchen, eine Landschaft in der Gesamtheit ihrer geografischen Situation abzubilden; dazu gehören besonders Siedlungsformen, Verkehrsnetz, Gewässer, Geländestrukturen und Bodenbewuchs. **Thematische Karten** werden auf Grundlage der topografischen Karten erarbeitet. Sie stellen lediglich dem Zweck der Karte entsprechend verschiedene Aspekte dar.

Beispiele: Geologischen Karten, Klima-, Vegetations- und Bodennutzungskarten, Straßenkarten, Freizeitkarten ...

Der Erdkörper

Die Erstellung brauchbarer Karten setzt voraus, daß Größe und Form des Erdkörpers mathematisch genau erfaßt sind.

Die Erde als Kugel

Für Karten in kleinen Maßstäben, z.B. Welt- und Kontinentkarten, ist es völlig ausreichend, den Erdkörper als Kugel zu betrachten. Der Erdradius liegt bei 6.370 km. Der Erdumfang hat ein Maß von ca. 40.000 km.

Die Erde als Rotationsellipsoid

Genauere Vermessungen ergaben, daß die Erde auf Grund der Erddrehung und der Erdanziehung als Ellipsoid betrachtet werden muß. Während der Erdkörper an den Polen leicht abgeplattet ist, ist er am Äquator leicht aufgewölbt. Dieser Umstand muß bei Karten großer Maßstäbe berücksichtigt werden.

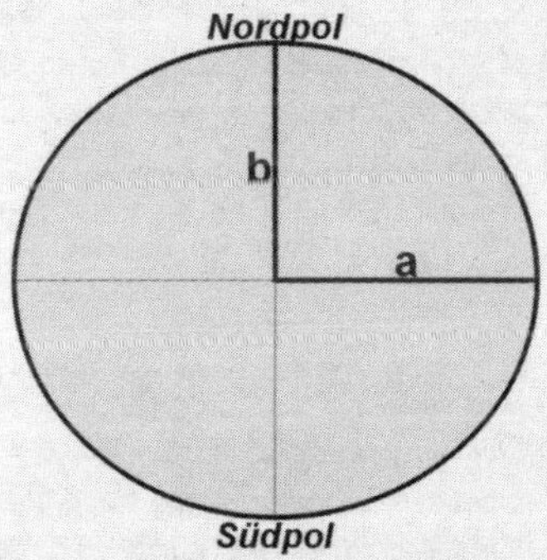

Abb. 2: Rotationsellipsoid

Auf Grund lokaler Besonderheiten wurden weltweit mehr als 100 verschiedene Ellipsoide definiert, die sich allerdings nur geringfügig unterscheiden.

Zum Vergleich die Maße von drei wichtigen Rotationsellipsoiden:

Besselscher Ellipsoid	a = 6.377,397 km	b = 6.356,079 km
Internationaler Ellipsoid	a = 6.378,388 km	b = 6.356,912 km
WGS 84	a = 6.378,137 km	b = 6.356,752 km

Die Erde als Geoid

Die Vorstellung des Erdkörpers als Rotationsellipsoid ist für die meisten kartografischen Arbeiten ausreichend. Das Geoid versucht die wahre Figur der Erde wiederzugeben, indem es die Verformung der Erdoberfläche berücksichtigt, die durch ungleiche Schwerkraft verursacht wird. Die Geoidfläche ist daher nicht glatt, sondern leicht gewellt. Die Abweichungen zwischen Geoid und optimal angepaßten Rotationsellipsoiden sind relativ gering. Das Geoid ist die Bezugsfläche für die Höhenmessung.

Das geodätische Datum

Das geodätische Datum (Map Datum/Kartendatum) faßt die Parameter eines lokalen Abbildungssystems zusammen. Zu den Parametern gehören unter anderem: Abplattung und Radius der Großen Halbachse des Rotationsellipsoiden, Maßstabsfaktor. Mit Hilfe der Parameter kann das lokale in ein globales System und umgekehrt überführt werden. Dies ist vor allem für GPS-Nutzer wichtig.

Während GPS mit dem Datum des "World Geodetic System 1984", kurz WGS 84, arbeitet, beziehen sich noch viele Karten auf ein lokales geodätisches Datum. Allerdings stellen viele Länder zur Zeit ihre Kartenwerke auf WGS 84 um, u.a. auch Deutschland. Da die Durchführung einige Jahre in Anspruch nehmen wird, werden Sie auch weiterhin Karten im lokalen System vorfinden.

Beispiele

Deutsche topograf. Karte	*1:25.000 / Potsdam Datum*
Deutsche topograf. Karte	*1:50.000 / Europäisches Datum*
Kanadische topograf. Karte	*1:50.000 / North American Datum*

Moderne GPS-Empfänger sind, wenn sie entsprechend eingestellt sind (☞ GPS, Navigationseinstellungen), in der Lage, die Daten gegeneinander aufzurechnen. Schauen Sie daher genau auf das geodätische Datum Ihrer Karte, wenn Sie Karte und GPS-Empfänger aufeinander abstimmen. Nur so erhalten Sie präzise Ortsangaben.

Das geografische Koordinatensystem der Erde

Um jeden Ort auf der Erde in seiner Lage exakt zu bestimmen, wurden räumliche Koordinatensysteme entwickelt. Das allgemein gebräuchlichste ist das geografische Koordinatensystem. Es entsteht aus der Drehung des Erdkörpers um eine feste Achse. Die Erdachse durchstößt die Erdoberfläche an den Polen. Genau zwischen diesen festen Punkten liegt auf der Erdoberfläche der Äquator.

Wenn man jetzt die Pole auf kürzestem Weg verbindet und Parallelkreise zum Äquator schafft, entsteht ein weltumspannendes Gitternetz.

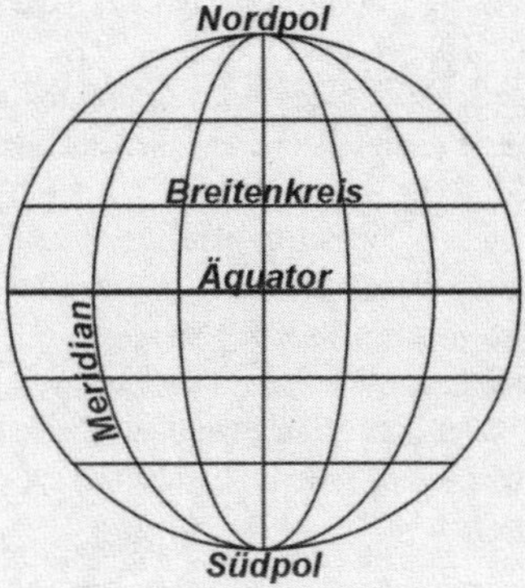

Abb. 3: Geografisches Koordinatensystem der Erde

Die geografische Breite

Die Breitenkreise bilden ein System paralleler Kreise zum Äquator. Ihr Umfang nimmt zu den Polen hin ab. Die Pole sind nur Punkte.

Die geografische Breite eines Ortes ist der Winkel am Erdmittelpunkt zur Äquatorebene. Der Winkel wird in Grad (°), Bogenminuten (') und Bogensekunden (") Nord (N) oder Süd (S) angegeben. Der Ort "X" in Abb. 4 hat die geografische Breite von 30°N.

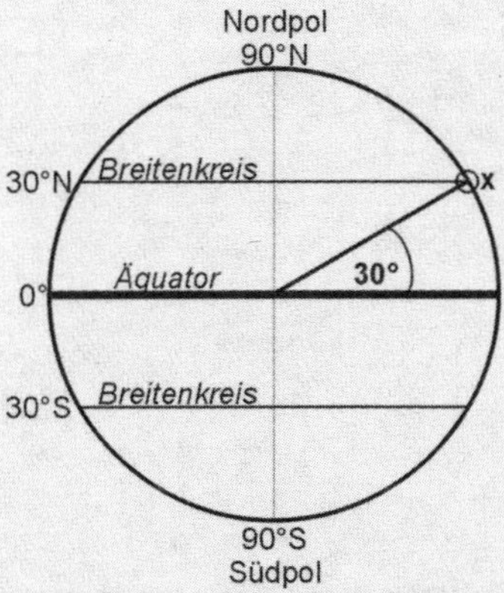

Abb. 4: Die geografische Breite

Die Bogensekunden können auch als Dezimalstelle der Bogenminuten angegeben werden.

Beispiel: 54°13'30"N entspricht 54°13,5'N.

Die geografische Länge

Alle Längenkreise sind Großkreise mit dem Erdumfang von ca. 40.000 km. Sie schneiden den Äquator und die anderen Breitenkreise auf der Erdoberfläche rechtwinklig und laufen auf kürzestem Weg von Pol zu Pol.

Ein halber Längenkreis wird als **Meridian** bezeichnet. Als **Nullmeridian** wurde willkürlich der Meridian, der durch die ehemalige Sternwarte von Greenwich (London) geht, festgesetzt. Ausgehend vom Nullmeridian zählt man jeweils 180° nach Ost und West.

Der 180. Längengrad ist gleichzeitig die Datumsgrenze. Der Abstand zwischen den Meridianen nimmt mit wachsender Breite ab. An den Polen ist er dann Null.

Die geografische Länge eines Ortes ist der Winkel an der Erdachse zum Nullmeridian.

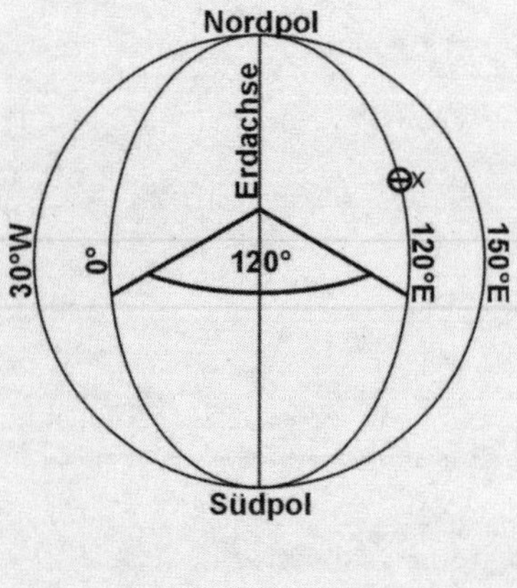

Abb. 5: Die geografische Länge

Der Winkel wird in Grad, Bogenminuten und Bogensekunden West (W) oder Ost (E) angegeben. Der Ort "X" in Abb. 5 hat die geografische Länge von 120°E.

Durch die geografischen Koordinaten hat jeder Ort auf der Erde seine feste Adresse. Es ist das Winkelmaß aus Breite und Länge. Der Ort "X" in Abb. 4 und 5 hat die geografischen Koordinaten: 30°N und 120°E.

Die Himmelsrichtung "Ost" wird international üblich mit "E" (englisch: east) angegeben.

Die Kartennetzentwürfe

Um aus dem Erdkörper mit seinem Netz aus Breiten- und Längenkreisen eine Karte zu entwerfen, muß man sie nach bestimmten Methoden in eine ebene Fläche transferieren. Es gibt eine Vielzahl unterschiedlicher Kartennetzentwürfe. Einige sind rein mathematischer Natur, andere kann man sich als geometrische Projektion vorstellen. Als Beispiel ist in Abb. 6 die **Mercatorprojektion** dargestellt.

Das Projektionszentrum (P) ist identisch mit dem Erdmittelpunkt. Das Koordinatensystem wird auf einen Zylindermantel abgebildet, der schließlich aufgeschnitten und ausgerollt wird.

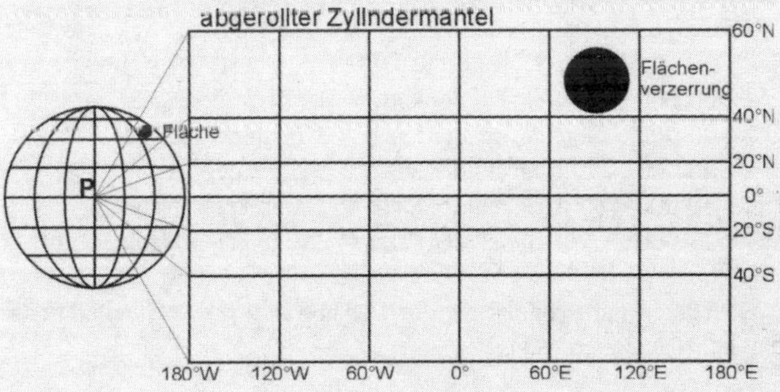

Abb. 6: Mercatorprojektion

Alle Kartennetzentwürfe haben eins gemeinsam: die Erde wird nie verzerrungsfrei dargestellt. Eine Karte ist **nie gleichzeitig** längentreu, flächentreu und winkeltreu.

Je nach Zweck der Karte muß entschieden werden, welche Eigenschaft eine Karte haben soll. Daraus ergibt sich der entsprechende Kartennetzentwurf.

Beispiel
Eine Seekarte muß winkeltreu sein, damit Kurse und Peilungen entnommen bzw. eingezeichnet werden können. Auch Landkarten, die für den Kompaßwanderer nutzbar sein sollen, müssen in erster Linie winkeltreu sein. Eine Straßenkarte wiederum sollte längentreu sein, damit die Entfernungen ohne Umstände abgegriffen werden können.

Der Maßstab

Eine Karte ist ein verkleinertes Abbild der Natur. Das Verhältnis der Verkleinerung zwischen Karte und Natur bezeichnet man als Maßstab.

Er wird in folgender Form dargestellt: **1:M** (M ist die Maßstabszahl). Das bedeutet: 1 cm auf der Karte entsprechen M cm in der Natur.

Kartenmaß und Naturmaß für wichtige Maßstäbe

1: 1.000.000	1 cm auf der Karte = 10 km in der Natur
1: 500.000	1 cm auf der Karte = 5 km in der Natur
1: 100.000	1 cm auf der Karte = 1 km in der Natur
1: 50.000	1 cm auf der Karte = 500 m in der Natur
1: 25.000	1 cm auf der Karte = 250 m in der Natur

Die Umrechnung von Kartenmaßen (K) in Naturmaße (N) und umgekehrt kann mit Hilfe der Formeln

$N = M \times K$ und $K = N / M$

durchgeführt werden.

Merke
Je kleiner die Maßstabszahl, desto größer der Maßstab. Je größer die Maßstabszahl, desto kleiner der Maßstab.

Beispiel
1:100.000 (sprich: eins zu hunderttausend) ist kleiner als 1:50.000. 1:25.000 ist größer als 1:50.000.

Die Maßstabsskala

Oft wird der Maßstab zusätzlich in einer Maßstabsskala (Maßstabsleiste) grafisch dargestellt. Die Maßstabsskala erleichtert das Abgreifen von Entfernungen aus der Karte.

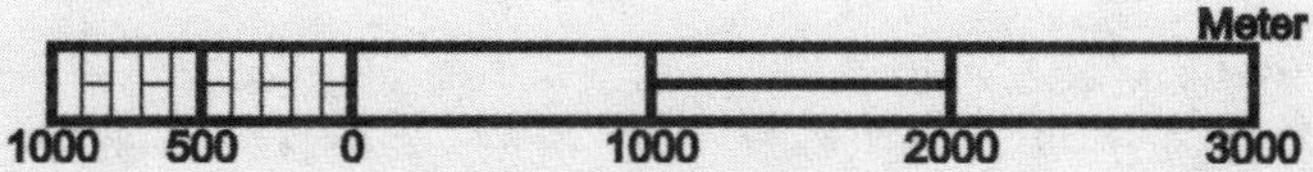

Abb. 7: Maßstabsskala

Die Generalisierung

Karten sind vereinfacht, inhaltlich ergänzt und erläutert. Je nach Zweck und Maßstab der Karte müssen die Kartenzeichner auswählen, welche Informationen sie in die Karte aufnehmen können, so daß sie noch verständlich lesbar ist. Um das zu erreichen, wird das Wesentliche ausgewählt, hervorgehoben, vergrößert oder typisiert. Anderes wird weggelassen oder zusammengefaßt. Diesen Prozeß nennt man Generalisierung.

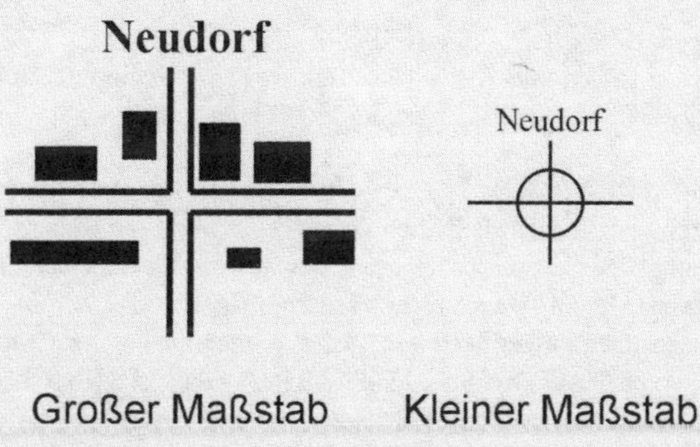

Abb. 8: Generalisierung: Von der Einzelhausdarstellung zum Ortskreis

Die Vereinfachung der Landschaft in der Karte wird durch erläuterte Informationen ergänzt. Mit Hilfe von Linien, Schriftzeichen, Flächen, Farben und Symbolen werden zusätzliche Aspekte wie z.B. Orts- und Landschaftsnamen, Grenzen, Naturschutzgebiete, Höhen- und Tiefenangaben eingefügt.

Beispiel

Werfen wir einen Blick in eine beliebige Straßenkarte. Schon der Name und der relativ kleine Maßstab verraten ihren Zweck: Die Karte soll lediglich über das befahrbare Straßennetz einer Region Auskunft geben. Die Lage von Städten und Dörfern darf natürlich nicht fehlen. Die Kartografen reduzieren die Landschaft auf die Straße, d.h. das Straßennetz wird überdimensional gezeichnet. Erläutert wird das Ganze durch Ortsnamen, Straßennummern, Autobahnabfahrten, Entfernungsangaben und ggf. das Tank- und Raststellenangebot. Alles andere wird weggelassen.

Die Reliefdarstellung

Die Karte gibt ein Grundrißbild der Erdoberfläche oder von Teilen der Erdoberfläche wieder. Natürlich weiß jeder, daß die Erde nicht flach wie ein Teller ist. Um das Relief einigermaßen verständlich in eine zweidimensionale Karte zu übertragen, bedarf es einiger wichtiger Hilfsmittel.

Höhen- und Tiefenpunkte

Dominierende Höhen oder Tiefen einer Landschaft werden in der Karte mit einem Punkt und ihrem Wert in Metern (oder Feet) angegeben.

Höhenschichten

Bei mittleren und kleinen Maßstäben verwendet man oft die Höhenschichtendarstellung. Hierbei werden Höhenintervalle in bestimmter Farbzuordnung festgelegt. Es entsteht ein recht plastisches Höhenbild.

Die Tiefenstufen großer Seen und Meere werden durch unterschiedliche Blautöne - von hellblau (flach) bis dunkelblau (tief) - dargestellt.

In Abb. 9 ist eine Höhenschichtenskala, wie sie heute sowohl in vielen Kontinent- und Weltkarten als auch in Atlanten gebräuchlich ist, wiedergegeben.

Höhenlinien

In Karten mit mittleren und großen Maßstäben, vor allem in topografischen Karten, wird das Relief durch Höhenlinien dargestellt.

Dabei werden benachbarte Punkte gleicher Höhe zu Höhenlinien (Isohypsen) verbunden. Bei entsprechenden Geländeformen ergibt sich daraus ein komplettes Höhenlinienbild.

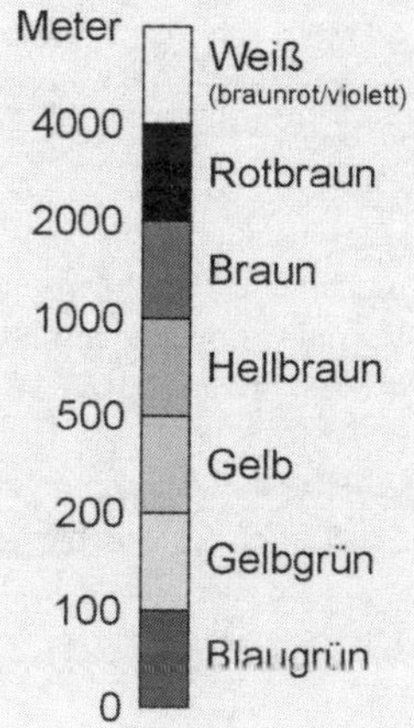

Abb. 9: Höhenschichtenskala

Der Höhenunterschied zwischen zwei benachbarten Höhenlinien wird als **Höhenlinienintervall** bezeichnet.

Ist das Intervall innerhalb einer Karte konstant, spricht man auch von **Äquidistanz**. Der Wert der Äquidistanz ist abhängig vom Maßstab und von der Geländeform.

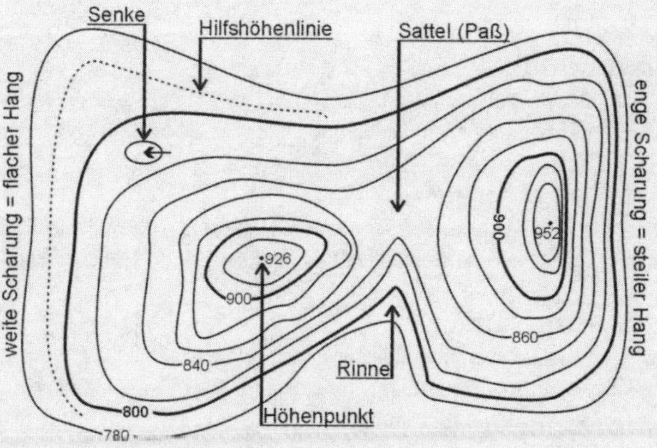

Abb. 10: Ein Höhenlinienbild

Beispiel
In einer Karte im Maßstab 1:50.000 kann im Flachland alle 10 m eine Höhenlinie gesetzt werden, während im Gebirge nur alle 20 m eine Höhenlinie sinnvoll ist, sonst gehen Übersicht und Lesbarkeit der Karte verloren.

Höhenlinien sind konstruierte Gebilde, die man so in der Natur nicht wiederfindet. Zur Interpretation von Höhenlinienbildern sind räumliches Vorstellungsvermögen und Erfahrung nötig. Höhenlinien werden meist in braun in die Karte gedruckt.

Haupthöhenlinien ergeben sich aus dem Höhenlinienintervall der Karte. Sie werden als durchgehende Linie gezeichnet. Einige Haupthöhenlinien, z.B. jede volle Hunderter-Linie, werden aus Gründen der Übersichtlichkeit in stärkerer Linienbreite erstellt.

Zähllinien sind Haupthöhenlinien, die mit ihrer Höhe über Normalnull beziffert sind. Der Fuß der Ziffern zeigt immer talabwärts!

Hilfshöhenlinien werden hauptsächlich im flachen Gelände gesetzt. Sie haben meist die halbe Äquidistanz und werden gestrichelt dargestellt.

Tiefenlinien

(Isobathen) werden analog zur Darstellung des Unterwasserreliefs verwendet. Sie werden mit blauen Linien und Ziffern in die Karte eingetragen.

Reliefsignaturen

Nicht alle Geländeformen lassen sich mit Höhenlinien darstellen. Reliefsignaturen für z.B. Senken, Steilränder, Felsen ergänzen das Höhenlinienbild.

Schummerung

Zur plastischen Veranschaulichung des Höhenlinienbildes wird oft die Methode der Schummerung herangezogen. Ein angenommener schräger Lichteinfall aus einer bestimmten Richtung erzeugt Licht- und Schattenhänge. Diese Schattenwirkung wird durch unterschiedliche Grautöne in das Höhenlinienbild eingearbeitet.

Die äußere Form einer Karte

Nachdem die Grundlagen der Abbildung geklärt und die Landschaftsdaten aufbereitet sind, müssen nur noch Format und Layout der Karte festgesetzt werden. Abb. 11 zeigt, wie Karten normalerweise äußerlich gestaltet werden.

Im **Kartenfeld**, man sagt auch Kartenbild oder Kartenspiegel, befindet sich der eigentliche Inhalt der Karte. Oft wird die Hauptkarte durch sogenannte **Nebenkarten** ergänzt. Diese stellen entweder vergrößerte Teilbereiche heraus oder aber einen kleinen Anschlußbereich, der über das Format der Karte hinausgeht.

Der Karteninhalt ist nach Norden ausgerichtet. Das heißt: oben ist Norden!

Karten mit anderer Orientierung bilden die Ausnahme. Bei ihnen wird die Nordrichtung durch Pfeile oder Kompaßrosen grafisch angegeben.

Begrenzt wird das Kartenfeld durch den **Kartenrahmen**.

Er besteht entweder aus einer einfachen Begrenzungslinie oder aus einem schmalen Streifen. Im Kartenrahmen werden die Koordinatenwerte angezeigt.

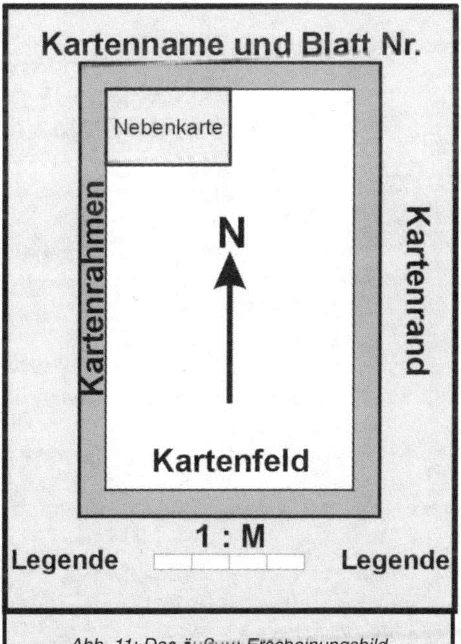

Abb. 11: Das äußere Erscheinungsbild einer Karte

Auf dem **Kartenrand** befinden sich Daten, die zur Entschlüsselung des Karteninhaltes notwendig sind. Dazu gehören insbesondere:

- ▷ der Maßstab und die Maßstabsskala
- ▷ die Zeichenerklärung (Legende)
- ▷ der Kartenname und bei Kartenwerken die Blattnummer
- ▷ das Ausgabejahr (Berichtigungsstand)
- ▷ die Angaben zum Abbildungssystem
- ▷ die Angaben zum verwendeten Koordinatensystem
- ▷ die Mißweisung
- ▷ die Hersteller- und Herausgeberangaben

KARTENKUNDE 2: TOPOGRAFISCHE KARTEN

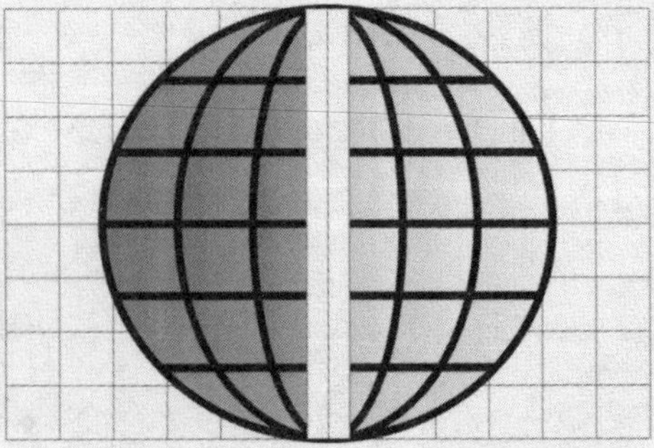

Abb. 12: Vom Erdkörper zur topografischen Karte

In diesem Kapitel werden die topografischen Karten und Kartenwerke ausführlich behandelt, da sie für den Kompaßwanderer und GPS-Nutzer ein unverzichtbares Hilfsmittel darstellen:

❶ Sie sind winkeltreu. Kurse und Peilungen können unmittelbar zwischen Karte und Kompaß und/oder GPS-Empfänger übertragen werden.

❷ Sie sind mit kleinen Abstrichen längen- und flächentreu. Das wird durch eine besondere kleinräumliche Abbildung erreicht.

❸ Sie haben ein metrisches, nach Norden ausgerichtetes rechtwinkliges Gitternetz. Dieses Netz erleichtert die Navigationsarbeit erheblich.

❹ Sie enthalten ein Maximum an Informationen. Die hohe, relativ wertneutrale Informationsdichte - begünstigt durch die großen Maßstäbe - erleichtert das Zurechtfinden in der Landschaft.

Geodätische Kartennetzentwürfe

Zur Erinnerung: kein Kartennetzentwurf ist in der Lage, die Erde oder Teile davon verzerrungsfrei abzubilden - eine Karte ist nie gleichzeitig längen-, flächen- und winkeltreu. Um dies trotzdem, wenn auch mit kleinen Abstrichen, zu erreichen, bedient man sich geodätischer Kartennetzentwürfe. Die wichtigste Form dieser Abbildungsart ist die **Transversale Mercatorprojektion**. Hierbei werden nur kleine Abschnitte der Erde nach einem festgelegten Meridianstreifensystem auf einen querachsigen (transversalen) Zylinder abgebildet. Der Hauptmeridian (Berührungsmeridian) wird längentreu übertragen.

Zu den Rändern eines Meridianstreifens treten kleinere Verzerrungen auf, die aber in der Regel vernachlässigt werden können.

Das geodätische Gitter

Das durch die Transversale Mercatorprojektion gewonnene Kartennetz wird durch ein ebenes, nach Norden ausgerichtetes rechtwinkliges und metrisches Gitter erweitert.

Das in Kartenkunde 1 besprochene geografische Gitter ist für die Arbeit mit großmaßstäblichen topografischen Karten wenig geeignet, da dem System Winkelmaße zugrunde liegen. Dagegen bilden die Linien in geodätischen Kartennetzen ein regelmäßiges quadratisches Gitter in metrischen Einheiten. Der Abstand zwischen zwei Gitterlinien beträgt in der Regel ein Kilometer.

Beispiel
Im Maßstab 1:50.000 wird alle 2 cm eine Gitterlinie gesetzt. Das entspricht 1 km in der Natur (☞ auch Abb. 21).

Das geodätische Gitter ist in topografischen Karten eingedruckt oder im Kartenrahmen angedeutet.

☺ Sollte das Gitter nur im Kartenrahmen angedeutet sein, muß es durch Verbinden der gleichlautenden Marken des linken und rechten bzw. oberen und unteren Kartenrahmens mit Hilfe von Lineal und Bleistift erzeugt werden.

Das eingezeichnete Gitter ist, wie später noch ausführlich dargelegt wird, für die praktische Kompaß- und GPS-Arbeit sehr wichtig.

Bei topografischen Karten kommen im wesentlichen zwei geodätische Abbildungssysteme zur Anwendung:

- ▷ das Gauß-Krüger-System
- ▷ das UTM-System.

Das Gauß-Krüger-System

Das Gauß-Krüger-System, international als *Transversale Mercatorprojektion* bezeichnet, ist Grundlage vieler topografischer Karten und Kartenwerke Die Meridianstreifen haben in der Regel eine Ausdehnung von drei Längengraden. Die Hauptmeridiane im deutschen System sind der 6., 9., 12. und 15. Längengrad E. War bis vor kurzem der Besselsche Ellipsoid (Potsdam Datum) Ausgangspunkt der Abbildung, so ist die Umstellung auf das internationale Sytem WGS 84 im wesentlichen abgeschlossen.

In anderen Ländern wird dieses System in modifizierter Form verwendet.

Das deutsche Gauß-Krüger-Gitter (German Grid)

Die senkrechten Linien im Gitternetz verlaufen parallel zum Hauptmeridian. Der Abstand zum Hauptmeridian wird als **Rechtswert** bezeichnet. Die erste Ziffer des Rechtswertes multipliziert mit 3 kennzeichnet den Hauptmeridian. Die anderen Ziffern geben den Abstand zum Hauptmeridian in Metern bzw. Kilometern an. Um negative Vorzeichen zu vermeiden, erhält jeder Hauptmeridian den Wert von 500 km.

Beispiel: Rechtswert $^{35}54$
1. Ziffer: 3 (x 3) ☞ Der Hauptmeridian heißt 9°E.
2., 3., 4. Ziffer: 554
a. Der Wert ist größer als 500, d.h. die Gitterlinie liegt östlich des Hauptmeridians,
b. sie liegt genau 54 km östlich des Hauptmeridians.

*Die waagerechten Linien im Gitternetz verlaufen parallel zum Äquator. Der Abstand zum Äquator wird als **Hochwert** bezeichnet.*

Beispiel: Hochwert $^{60}53$
Das bedeutet: Die waagerechte Gitterlinie mit dem Hochwert $^{60}53$ hat einen Abstand zum Äquator von 6.053 km.

Ortsangabe im Gauß-Krüger-System

Eine vollständige Ortsangabe im Gauß-Krüger-System setzt sich immer aus Rechtswert und Hochwert zusammen.

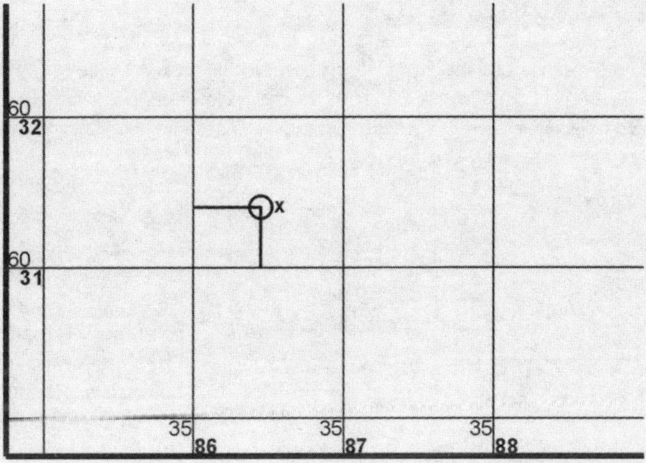

Abb. 13: Rechts- und Hochwert im Gauß-Krüger-System

Der genaue **Rechtswert eines Ortes** wird wie folgt ermittelt: Zuerst die Ziffern der nächsten senkrechten Gitterlinie links des Ortes ablesen.

Dann wird der Abstand des Ortes zu dieser Gitterlinie mit Zirkel oder Lineal gemessen. Dieser Meßwert ist ein Kartenmaß, der mit Hilfe der Maßstabsskala oder mit dem entsprechenden Kartenfaktor (bei 1:50.000: Kartenmaß geteilt durch 2; bei 1:25.000: Kartenmaß geteilt durch 4) in ein Naturmaß umgerechnet werden muß.

Der Ort "X" aus Abb. 13 hat den Rechtswert 3586450.

Der genaue **Hochwert eines Ortes** wird wie folgt ermittelt: Zuerst die Ziffern der nächsten waagerechten Gitterlinie unter dem Ort ablesen. Mit Zirkel oder Lineal den genauen Abstand zur Gitterlinie messen. Den Meßwert ins Naturmaß bringen, und es ergibt sich der Abstand in Metern.

Der Ort "X" in Abb. 13 hat den Hochwert 6031400.

Der Planzeiger

Koordinaten in geodätischen Gittern lassen sich bequem mit Hilfe eines Planzeigers abgreifen bzw. einzeichnen. Die zwei rechtwinklig zueinander liegenden Millimeterskalen ermöglichen ein gleichzeitiges und unmittelbares Ablesen des Rechts- und Hochwertes.

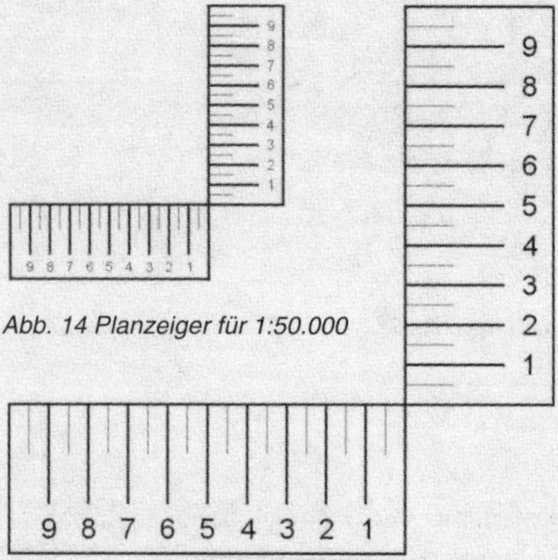

Abb. 14 Planzeiger für 1:50.000

Abb. 15: Planzeiger für 1:25.000

Jeder Maßstab verlangt seinen eigenen Planzeiger. Besonders für GPS-Nutzer sind Planzeiger ein unentbehrliches Hilfsmittel. Planzeiger kann man im Bürofachhandel oder in einigen Reiseausrüstungsläden kaufen. Sie sind aber mit durchsichtiger stabiler Folie, Folienstift, Lineal und Schere schnell im Eigenbau erstellt. Im UTM-Gitter (☞ Abb. 17) finden Sie ein Beispiel, wie der Planzeiger eingesetzt wird.

Sie legen den Planzeiger mit der senkrechten Skala an dem zu ermittelnden Ort an. Die waagerechte Skala wird genau auf die waagerechte Gitterlinie unterhalb des Ortes gelegt. Wo die senkrechte Gitterlinie die waagerechte Skala schneidet, kann der Rechtswert abgelesen werden. Der Hochwert ergibt sich auf der senkrechten Skala, und zwar am Ort selbst.

Das UTM-System

UTM ist die Abkürzung für *Universale Transversale Mercatorprojektion.* Es ist weltweit sehr stark verbreitet. Ein Meridianstreifen umfaßt sechs Längengrade. Damit die Längenverzerrung zu den Rändern des Meridianstreifens klein bleibt, wird der Hauptmeridian mit einem minimalen Verjüngungsfaktor abgebildet.

Das UTM-Gitter

Das UTM-Gitter teilt die Erde in 60 Meridianstreifen mit einer Ausdehnung von je sechs Längengraden. Die Streifen, auch Zonen genannt, sind beginnend bei 180° in östlicher Richtung fortlaufend durchnumeriert. Weiterhin erfolgt eine Einteilung in 20 Breitenbänder, auch Felder genannt, zwischen 80°S und 84°N mit je 8° Ausdehnung. Die Breitenbänder werden mit großen Buchstaben beginnend im südlichsten Band von C bis X bezeichnet.

Aus Meridianstreifen und Breitenband ergeben sich Zonenfelder. Das entsprechende Zonenfeld ist in der topografischen Karte angegeben, z.B. liegen große Teile Deutschlands im Zonenfeld 32U.

Die Feineinteilung erfolgt ähnlich wie beim Gauß-Krüger-Gitter in Rechts- und Hochwerten.

Im UTM-Gitter wird der Rechtswert allerdings als "Ostwert" und der Hochwert als "Nordwert" bezeichnet. Der **Ostwert** gibt den Abstand zum Hauptmeridian in Kilometer bzw. Meter wieder. Um negative Vorzeichen zu vermeiden hat auch in diesem System der Hauptmeridian den Vorgabewert von 500 km.

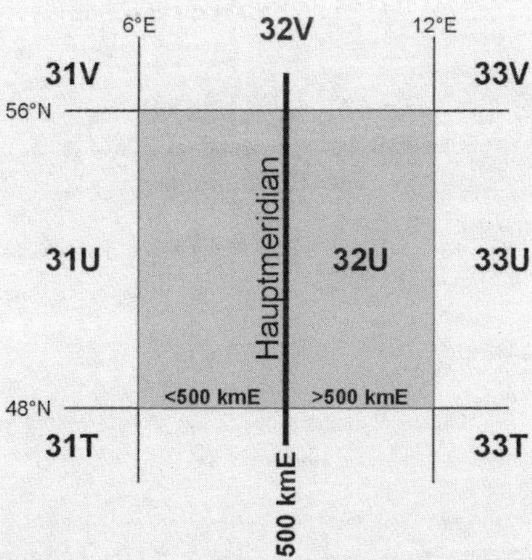

Abb 16: UTM-Zonenfeld 32U

Beispiel: Ostwert $^{4}24$.
Die Gitterlinie liegt 76 km westlich vom Hauptmeridian. (Rechenweg: 424 ist kleiner als 500 >>500 minus 424 ergibt: -76)

Der **Nordwert** im UTM-Gitter gibt den Abstand zum Äquator in Kilometern bzw Metern wieder. Hierbei ist zu bedenken, daß der Äquator für die Nordhalbkugel den Vorgabewert "0" km hat. Für die Südhalbkugel hat er - um negative Vorzeichen zu vermeiden – den Vorgabewert "10.000" km.

Ob ein Ort nördlich oder südlich des Äquators liegt, kann aus der Breitenbandangabe des Zonenfeldes ermittelt werden: C bis M >> südliche Breite // N bis X >> nördliche Breite.

Beispiel A: $^{64}84$.
Der Ort liegt entweder 6.484 km nördlich des Äquators oder 3.516 km südlich des Äquators (Rechnung: 10.000 km minus 6484)

Beispiel B: $^{60}20$; Zonenfeld 32U
Der Ort liegt 6.020 km nördlich des Äquators

Ortsangabe im UTM-Gitter

Eine vollständige Ortsangabe im UTM-System erfolgt in folgender Reihenfolge: Zonenfeld, Ostwert, Nordwert

Der Ort "X" in Abb. 17 hat folgende UTM-Koordinaten:

Zonenfeld	32U
Ostwert	584650
Nordwert	6018600

Die oben aufgeschlüsselten Werte werden in einer Zeile zusammengefaßt: 32U5846506018600.

Interpretation
Der Ort "X" liegt im Zonenfeld 32U, und damit nördlich des Äquators, 84.650 m (84,65 km) östlich des Hauptmeridians der Zone 32 und 6.018,6 km vom Äquator entfernt.

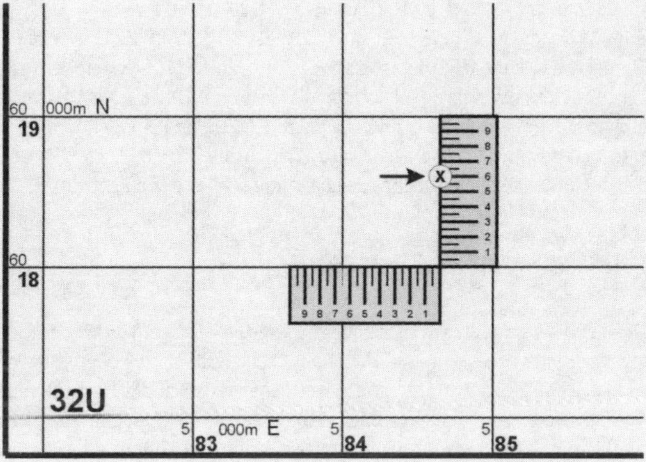

Abb. 17: Ortsangabe im UTM-Gitter mit Hilfe des Planzeigers

UTM-Reference-System (UTMREF)

Viele topografische Karten, die auf UTM basieren, sind zusätzlich mit einem universellen Meldegitter, dem sogenannten UTMREF ausgestattet. Dieses findet Anwendung bei Militär und Rettungsdiensten. Hierbei wird ein Zonenfeld zusätzlich in 100-km-Quadrate unterteilt, die als Bezeichnung je zwei Großbuchstaben erhalten.

Beispielsweise liegt die Stadt Kiel im 100-km-Quadrat "NF".
Der Ort "X" in Abb.17 hat folgende UTMREF-Koordinaten:
32UNF8465018600

Wie man sieht, fehlen hier die hochgestellten Ziffern des Ost- und Nordwertes, da sie bereits durch die Angabe des Zonenfeldes und des 100-km-Quadrats eindeutig bestimmt sind.

UTMREF-Koordinaten werden bei GPS-Empfängern nicht verwendet, so daß eine ausführliche Beschreibung hier nicht nötig ist.

UPS (Universal Polar Stereographic)

Zur Abbildung der Polargebiete ab 84° N und 80°S dient das Universal Polar Sterographic, kurz UPS. Es ist als Ergänzung zum UTM-System zu verstehen. Da eine Mercatorprojektion für die polaren Gebiete zu starke Verzerrungen aufweisen würde, mußte eine andere Methode gefunden werden, um auch den Rest der Erdoberfläche kartografisch zu erfassen. Auch UPS ist mit einem Gitter versehen, welches analog zum UTM-Gitter aufgebaut ist.

Die Meridiankonvergenz

Das geodätische Gitter in topografischen Karten ist nach Norden ausgerichtet. Allerdings weist nur der Hauptmeridian genau nach geografisch oder rechtweisend Nord. Die Gitterlinien westlich und östlich des Hauptmeridians weichen von der rechtweisenden Nordrichtung geringfügig ab. Diesen Abweichungswinkel zwischen geografisch Nord und Gitternord nennt man **Meridiankonvergenz**.

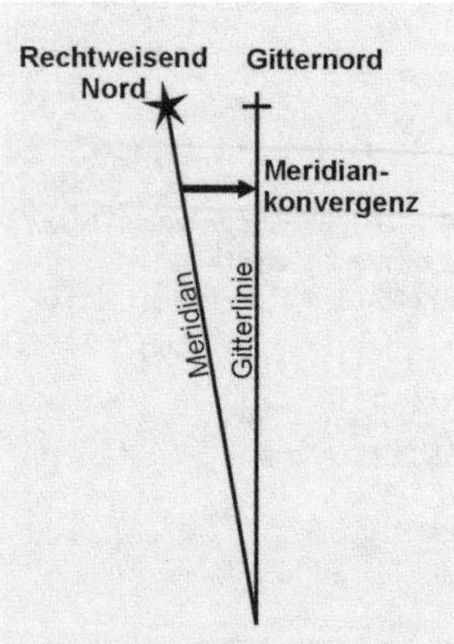

Abb. 18: Meridiankonvergenz

Die Größe der Meridiankonvergenz einer topografischen Karte ist abhängig von ihrem Abstand zum Hauptmeridian und der geografischen Breite. Im ☞ Gauß-Krüger-System mit drei Längengraden Meridianstreifenausdehnung ist der Wert am Äquator 0°, bei 54° liegt er bei 1°, bei 80° sind es etwa 1°30'. Im ☞ UTM-System sind die Werte doppelt so groß, da das Meridianstreifensystem 6° Längenausdehnung hat.

Der genaue Wert der Meridiankonvergenz kann der topografischen Karte entnommen werden.

Er wird entweder in Worten und/oder in überzeichneter Diagrammform wie in Abb. 19 im Kartenrand angegeben.

In der praktischen Kompaßarbeit kann die Meridiankonvergenz in der Regel aber vernachlässigt werden (☞ Karte und Kompaß, Nadelabweichung und Mißweisung).

Geografische Koordinaten in topografischen Karten

Die geografischen Koordinaten sind in großmaßstäblichen topografischen Karten meistens nur im Kartenrahmen angedeutet. Das geografische Gitter muß mit Lineal und Bleistift erzeugt werden und bildet je nach Größe der

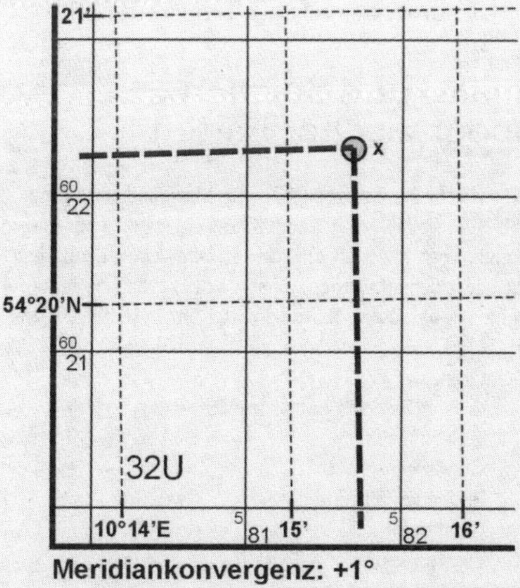

Abb. 19: Geografische Koordinaten im UTM-Gitter

Meridiankonvergenz ein zum geodätischen Gitter gekipptes Netz, welches mehr Verwirrung als Übersichtlichkeit schafft. Auch die Feineinteilung der Minuten in Sekunden, wie man sie für eine präzise Ortsangabe bräuchte, fehlt oft. Schätzen oder umständliches Rechnen sind die Folge.

In Abb. 19 finden Sie ein Beispiel, wie geografische Koordinaten in topografischen Karten ermittelt werden können. Das geografische Gitter ist gestrichelt eingezeichnet. Danach hat der Ort "X" in Abb. 19 folgende Koordinaten:

Länge: 10°15'24,5''E Breite: 54°20'31''N

Wie man sieht ist das Verfahren umständlich und wenig sinnvoll.

☺ Sowohl Kompaß- als auch GPS-Nutzer sollten ausschließlich mit dem eingedruckten geodätischen Gitter der Karte arbeiten. Das ist anfangs vielleicht ungewohnt, spart auf Dauer aber Zeit und Nerven.

Inhalte und Zeichen topografischer Karten

Topografische Karten versuchen, ein Maximum an Informationen einer Landschaft für vielfältige Nutzer wiederzugeben. Die Informationsdichte ist abhängig vom Maßstab und der Struktur einer Landschaft. Eine Karte darf nicht überzeichnet werden, da sonst die Lesbarkeit verlorengeht.

Eine topografische Karte vermittelt im wesentlichen folgende Informationen:

▷ Grenzen
▷ Wohnplätze und Industrieanlagen
▷ Verkehrsnetz
▷ Gewässer
▷ Bodenbewachsung
▷ Geländeformen
▷ Einzelobjekte

Die Informationen werden mit Hilfe klar definierter graphischer Zeichensysteme, mit unterschiedlichen Schriftarten und Größen, Abkürzungen und

Einzelsignaturen in die Karte übertragen. Abb. 21 gibt Ihnen ein einfaches Beispiel, mit welchen graphischen Mitteln in einer Karte gearbeitet wird. In Abb. 20 finden Sie die dazugehörige Zeichenerklärung (Legende).

Um eine Karte zu verstehen ist es unbedingt notwendig, sich mit ihrer Zeichenerklärung auseinanderzusetzen. Sie ist in aller Regel, zumindest mit den wichtigsten Symbolen, im Kartenrand abgedruckt. Ausnahmebeispiel: Schweizer Landeskarten; die Legende liegt in Form einer Beilage vor.

Die Zeichentabelle ist **weltweit nicht einheitlich**! Die internationale Kartografie konnte sich noch nicht zu einem einheitlichen und verbindlichen Standard durchringen. Die bisherigen Absprachen und Empfehlungen führten immerhin dazu, daß sich die Abweichungen zwischen den Karten der verschiedenen Länder in Grenzen halten. Ein weiteres Manko sind die Erklärungen der Zeichen, die oft nur in der Landessprache vorliegen. Ihre Entschlüsselung artet daher nicht selten in Raterei aus.

Die Berichtigung topografischer Karten

Topografische Karten werden regelmäßig berichtigt. Wann die letzte Berichtigung war, wird irgendwo im Kartenrand in Form einer Jahreszahl vermerkt. Dies ist eine sehr wichtige Information, um die Zuverlässigkeit der Daten in der Karte zu bewerten.

Wie wir wissen, ändert sich eine Landschaft für menschliches Ermessen nur sehr langsam. Flußläufe und Gletscherränder können sich schon einmal in relativ kurzer Zeit verlagern. Doch insbesondere der Mensch greift ständig durch Baumaßnahmen in die Landschaft ein.

Die Zeiträume der Überarbeitung (man nennt das Fortführung) sind sehr unterschiedlich. In Deutschland werden die einzelnen topografischen Karten etwa alle fünf bis sechs Jahre erneuert. In anderen Ländern kann der Zeitraum sehr viel größer sein. Zwei Beispiele: Eine Karte aus der kanadischen Wildnis kann durchaus 30 oder 40 Jahre alt werden. Auch eine Karte aus Nordnorwegen kann schon einmal 20 Jahre ihre Gültigkeit behalten.

Eine alte Karte ist trotzdem besser als gar keine!

☺ Beschaffen Sie sich zusätzlich eine Straßenkarte! Diese Karten sind natürlich sehr viel gröber, andererseits werden sie öfter aktualisiert. Durch den Vergleich kann man dominante, durch den Menschen verursachte Veränderungen erkennen, z.B. Straßenbau oder Ortserweiterungen.

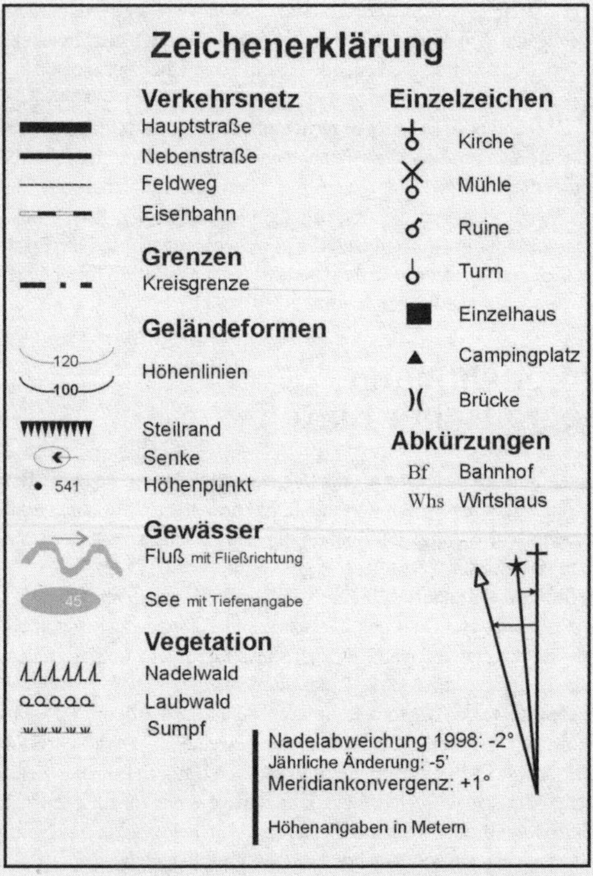

Abb. 20: Zeichenerklärung zur Anschauungs- und Übungskarte

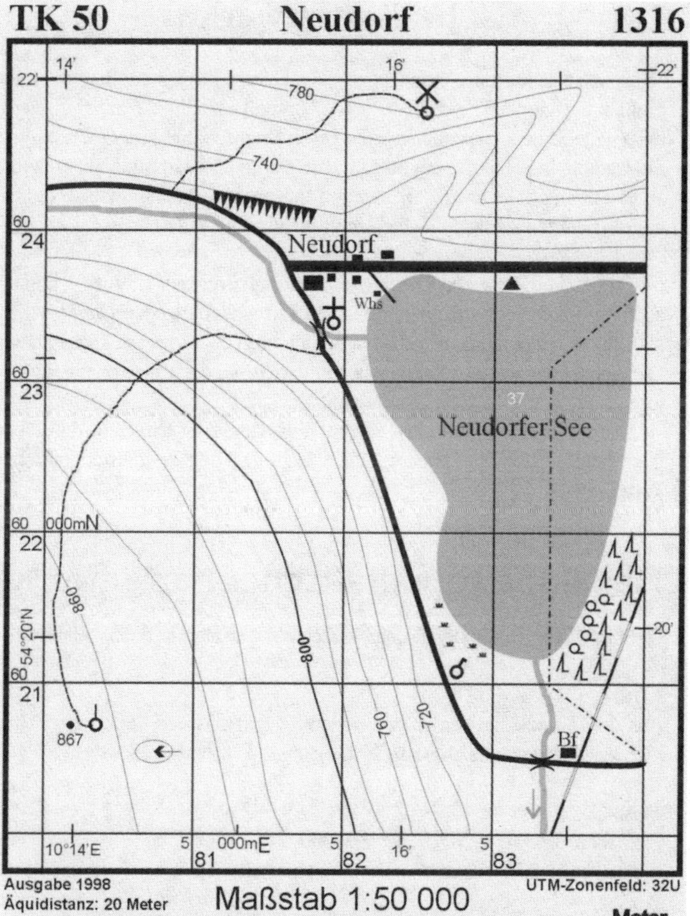

Abb. 21 Übungskarte

Topografische Kartenwerke

Topografische Karten werden in der Regel von staatlichen Behörden mit großem technischen und finanziellen Aufwand erstellt. Sie müssen vielen unterschiedlichen Anwendungsarten gerecht werden. Sie sind Grundlage für die Planung in Politik, Verwaltung, Wirtschaft und Militär. Straßenkarten und andere thematische Karten erhalten aus ihnen die Grundinformationen. Und natürlich leisten sie auch für Freizeit und Tourismus gute Dienste.

Da bei topografischen Karten große Maßstäbe verwendet werden, können auch nur relativ kleine Gebiete durch ein Kartenblatt abgedeckt werden.

Um ein ganzes Land abzubilden braucht man also mehrere Kartenblätter. Die Anzahl der Blätter ist abhängig von der Größe des Landes, vom Kartenformat und natürlich vom verwendeten Maßstab.

Werden die topografischen Karten eines Landes in ein nach Maßstäben geordnetes System zusammengefaßt, spricht man von einem topografischen Kartenwerk.

Maßstäbe topografischer Kartenwerke

Die Einteilung der topografischen Kartenwerke erfolgt nach dem Maßstab.

Die Grundkarte

Aus der Grundkarte werden alle weiteren topografischen Karten abgeleitet. Der Maßstab richtet sich nach der Gesamtstruktur eines Landes.

Beispiele
Deutsche Grundkarte (DGK 5): 1:5.000
Schwedische "Gula Kartan": 1:10.000 und 1:20.000

Topografische Karte 1:25.000

Die topografische Karte 1:25.000 wird auch Meßtischblatt, TK 25 oder 4 cm-Karte genannt. Für Hochgebirgs- und Winterwanderer als auch für Leute, die ein kleines Gebiet restlos erforschen wollen, ist dieses Kartenwerk besonders geeignet.

Topografische Karte 1:50.000

Die topografische Karte 1:50.000, auch TK 50 oder 2-cm-Karte genannt, ist universell einsetzbar. Das in der Karte dargestellte Gebiet ist relativ groß; die Genauigkeit ist noch ausreichend. Für fast alle Aktivitäten draußen leistet sie deshalb gute Dienste.

Topografische Karte 1:100.000

Die TK 100 ist schon fast eine Übersichtskarte. Für Wanderer und Kanufahrer ist sie nicht genau genug. Für Radfahrer und Autofahrer ist sie allerdings brauchbar.

Topografische Übersichtskarten

Topografische Übersichtskarten haben folgende Maßstäbe:

- ▷ 1:200.000/1:250.000
- ▷ 1:500.000
- ▷ 1:1.000.000

Sie sind für den Navigator als Planungskarten verwendbar. Als Navigationskarten in Fahrzeugen, die z.B. große wüstenartige Gebiete durchqueren wollen, ergänzen sie die normalen Straßenkarten, die meistens nicht GPS- und kompaßtauglich sind.

Topografische Sonderkarten

Zunehmend werden aus den strengen Einteilungen der einzelnen Kartenwerke Sonderblätter gefertigt, die touristisch interessante Regionen zusammenhängend darstellen. Meist werden in einer zusätzlichen Druckplatte Wanderwege, Hütten, Wintersporteinrichtungen, Radwege etc. farblich hervorgehoben.

Beispiele: Wanderkarte Holsteinische Schweiz 1:25.000, Berchtesgadener Land 1:50.000, Fjällkartan 1:100.000.

☞ Achten Sie darauf, ob die Karte ein geodätisches oder geografisches Gitter hat. Für die Navigation mit Kompaß und GPS ist das zwingend notwendig!

☹ Viele Sonderkarten haben leider kein Gitternetz. Das gleiche gilt für **Wanderkarten**, die von privaten Verlagen herausgegeben werden, z.B. von Freytag & Berndt oder Kompaß.

Topografische Karten auf CD-Rom

Karten werden zunehmend digitalisiert und auch preislich erschwinglich veröffentlicht. So gibt es mittlerweile für alle deutschen Bundesländer topografische Karten auf CD-Rom. Unter der gemeinsamen Benutzeroberfäche TOP 50 wurden von den Landesvermessungsämtern 13 CDs produziert, die das gesamte Bundesgebiet im Maßstab 1: 50.000 abdecken.

Daneben ist eine CD mit topografischen Übersichtskarten erhätlich, die Deutschland in 1: 200.000 darstellt. Inhaltlich ist zu den gedruckten Versionen kein Unterschied. Der CD-Rom Nutzer hat aber weitere zusätzliche Möglichkeiten:

- ▷ Blattschnittfreies scrollen
- ▷ Zentrieren auf gewünschten Ort
- ▷ Messen von Entfernungen und Flächen
- ▷ Anzeige der gängigen Koordinatensysteme
- ▷ Zoomfunktionen
- ▷ Drucken von Kartenausschnitten
- ▷ Erzeugen von Overlays mit eigener Graphik
- ▷ Ortsdatenbank
- ▷ GPS-Anbindung

Der Preis für eine CD-Rom liegt zwischen DM 78,00 und DM 98,00. Im Jahr 2001 kommt die nächste Generation der TOP 50 CD-Roms auf den Markt.

Auch andere Länder verfügen über topografische Karten auf CD-Rom: Österreich, Schweiz, Schweden, USA und neuerdings auch Kanada.

Die GPS-Anbindung ermöglicht den Austausch von Daten zwischen GPS-Gerät und PC. Doch dem Wanderer nützt das wenig: selbst ein Laptop ist für eine Outdoor-Tour wenig geeignet. Doch schon in naher Zukunft werden portable GPS-Geräte in der Lage sein, digitale topografische Karten zu speichern und benutzerfreundlich anzuzeigen. Schon heute gibt es kleine GPS-Empfänger, die mit recht ordentlichen Übersichtskarten ausgestattet sind und zumindest die Groborientierung erleichtern.

Blattschnitt, Blatteinteilung

Der Blattschnitt beschreibt Lage, Ausdehnung und Bezeichnung der einzelnen Kartenblätter innerhalb eines topografischen Kartenwerkes. Die Einteilung der Blätter erfolgt nach einem strengen System. Die einzelnen Blätter überlappen sich in der Regel nicht, sondern schließen nahtlos aneinander an.

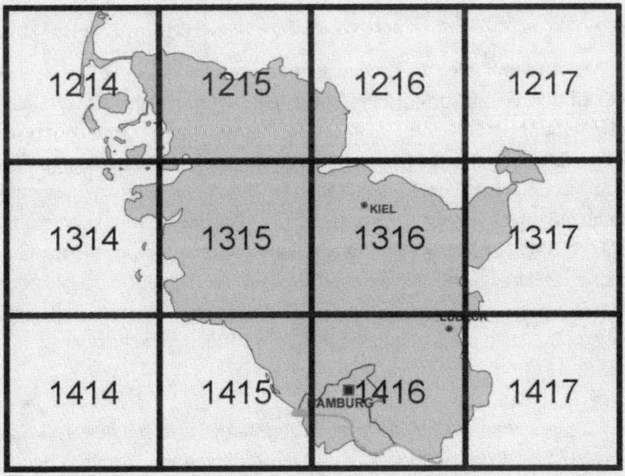

Abb. 22: Beispiel eines Blattschnittes (Fiktion)

Die Auswahl der nötigen Blätter ist nicht immer leicht, denn die Blattschnitte sind relativ grob und geben nur die Umrisse und eventuell noch die geografischen Koordinaten eines Landes wieder.

Situation und Besorgung topografischer Karten

Topografische Karten bzw. Kartenwerke gibt es nicht für alle Länder der Erde. Nur etwa 50% der Erdoberfläche werden durch topografische Karten in annehmbaren Maßstäben abgedeckt. Das hat im wesentlichen zwei Gründe:

- ▶ Die Landesvermessung ist eine teure und technisch aufwendige Angelegenheit. Während die Kartensituation in Europa, Nordamerika, Australien und Neuseeland relativ gut dasteht, ist sie für weite Teile Asiens, Afrikas und Südamerikas eher bescheiden.
- ▶ Viele Länder halten ihre topografischen Karten aus politisch-militärischen Gründen unter Verschluß, z.B. Türkei, Griechenland, Indonesien, China.

Wer Auskunft über die Kartensituation eines Landes benötigt, dem sei der Blick in den **GeoKatalog 2** empfohlen. Dies ist ein Loseblattwerk mit Kurzbeschreibungen und Blattschnitten aller ermittelbaren Karten und Kartenwerke. Es wird herausgegeben vom GeoCenter/Internationalen Landkartenhaus in Stuttgart. Den GeoKatalog 2 können Sie in geografischen Buchhandlungen einsehen (Adressen ☞ Anhang). Dort kann man Ihnen konkret sagen, welche Karten für Ihre Unternehmung beschaffbar wären, mit welcher Lieferzeit und mit welchen Preisen Sie rechnen müssen. Bedenken Sie bitte: je ausgefallener das Reiseziel, desto länger dauert die Beschaffung der Karten. Auch die Kosten sind in solchen Fällen oft sehr hoch.

Zwei Beispiele

❶ *Sie wollen eine mehrtägige Wanderung im westlichen Teil des Hardangervidda-Nationalparks in Norwegen durchführen. In der geografischen Buchhandlung können Sie zwei Möglichkeiten ermitteln:*

- ▷ *topografische Sonderkarte 1:100.000 (Gitter vorhanden!), ein Blatt, DM 29,80, sofort lieferbar*
- ▷ *topografische Karte 1:50.000, 6 Blätter, je DM 19,80, Lieferzeit: 14 Tage*

Da Sie eine Sommerwanderung längs der ausgeschilderten Wege planen, reicht Ihnen die topografische Sonderkarte.

❷ *Sie wollen eine mehrtägige Wanderung in Chile durchführen. Es kann nur eine einzige Möglichkeit recherchiert werden:*

▷ *topografische Karten 1:50.000. Da der Blattschnitt sehr schlecht ist, läßt sich die genaue Anzahl der benötigten Blätter schwer ermitteln. Die Lieferzeit der Karten beträgt zwei bis drei Monate und die Karten kosten ca. DM 100 pro Blatt.*

Sie haben drei Möglichkeiten:

▷ *Sie verzichten auf Ihr Vorhaben,*
▷ *Sie bestellen die nötigen Karten,*
▷ *Sie versuchen, das Kartenmaterial vor Ort zu besorgen.*
__Nachteil__: kostbare Urlaubszeit kann verlorengehen.

Praktische Tips

▶ Beschaffen Sie sich eine aktuelle topografische Übersichtskarte oder eine Straßenkarte für Ihr Reiseziel.
▶ Grenzen Sie Ihr Reiseziel in der Übersichtskarte ein.
▶ Besorgen Sie sich die nötigen topografischen Karten in einem Maßstab, der für die Art Ihrer Unternehmung notwendig ist.
▶ Müssen Sie mit mehreren Blättern arbeiten, numerieren Sie die Blätter in der Reihenfolge ihres Einsatzes. Skizzieren Sie mit Bleistift in der Übersichtskarte die Reihenfolge der Blätter.
▶ Falten Sie vor Beginn der Reise die Karten sinnvoll.
▶ Für die Aufbewahrung unterwegs haben sich wiederverwendbare, wasserdichte und durchsichtige Kunststoffhüllen, die es in verschiedenen Formaten gibt, bewährt.

KARTE UND KOMPASS

Der moderne Wanderkompaß (☞ Abb. 24) ist nicht nur eine Magnetnadel, die die Nord-Süd-Richtung angibt, sondern ein kleines, feines komplettes Navigationsbesteck.

Er ist klein, leicht, preiswert, robust und vereint Lineal, Winkelmesser und Magnetnadel.

Entwickelt wurden diese Geräte in den 30er Jahren von der schwedischen Firma Silva.

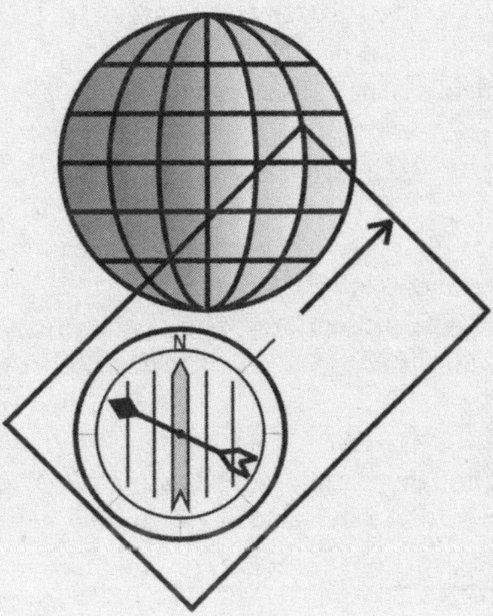

Abb. 23: Die Erde und der Magnetismus

Wanderkompaß: Aufbau und Funktion

Die Magnetnadel

Die Magnetnadel ist Edelstein-gelagert und schwimmt in einer öligen Flüssigkeit. Die Lagerung bewirkt eine hohe Präzision bei langer Lebenszeit. Durch die Flüssigkeitsdämpfung kann sich die Nadel ruhig einpendeln, so daß der Kompaß leicht eingestellt werden kann. Das Nordende der Nadel wird durch Pfeilspitze und besonderer Farbe deutlich hervorgehoben.

Die Kompaßdose

Die Kompaßdose muß drehbar und durchsichtig sein. Am äußeren Ring der Dose befindet sich die Kompaßrose mit ihrer Skala. Am Boden der Kompaßdose sind die Nordmarke und die Nordlinien eingearbeitet. Dreht man die Kompaßdose, drehen sich Nordmarke, Nordlinien und Kompaßrose mit.

Die Nordmarke und die Nordlinien

Nordmarke und Nordlinien sind Bestandteile der Kompaßdose. Mit ihrer Hilfe ist eine Winkelmessung überhaupt erst möglich.

Die Kompaßrose

Auf der Kompaßrose ist die Skaleneinteilung eingefräst. Die Skala selbst ist für die später im Buch beschriebene praktische Arbeit mit dem Kompaß nebensächlich.

Die meisten Kompasse benutzen das gewohnte Winkelmaß von 0 bis 360°. Je nach Modell wird eine Feineinteilung von 2 bis 5° verwendet.

Die Rahmenplatte

Die Rahmenplatte besteht aus durchsichtigem schlagfesten Kunststoff. An ihr werden die Kompaßdose, Skalen und andere nützliche Dinge wie Lupe, Spiegel und Planzeiger angebracht.

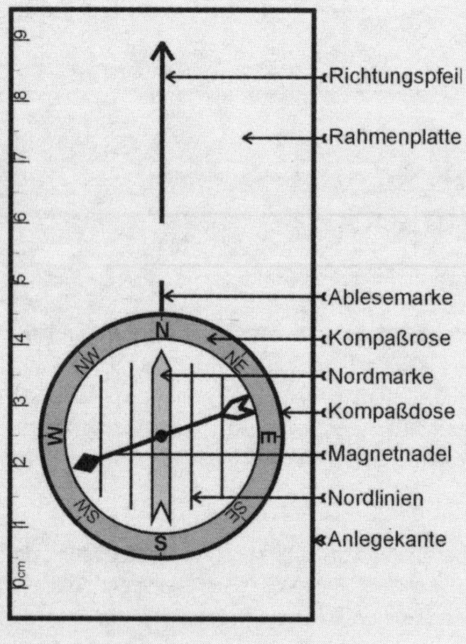

Abb. 24: Der moderne Wanderkompaß

Die Anlegekanten

Die linke und rechte Seite der Rahmenplatte werden als Anlegekanten bezeichnet.

An ihnen werden Kurse und Peilungen in die Karte übertragen.

Die Anlegekanten sind meist mit Millimeterskalen versehen, um z.B. Entfernungen aus der Karte abzugreifen.

Die Ablesemarke

An der Ablesemarke werden die Kurs- und Peilungswinkel fixiert. Die Winkelgrößen lassen sich hier mit Hilfe der Skaleneinteilung der Kompaßrose ablesen.

Der Richtungspfeil

Der Richtungspfeil legt die Arbeitsrichtung des Kompasses fest. Kurse und Peilungen werden immer in Pfeilrichtung angebracht. Der Richtungspfeil ist eine Parallele zu den Anlegekanten.

Das Zusammenwirken dieser Elemente ergibt ein komplettes Navigationsbesteck:

- Mit Nordlinien und Anlegekante werden Winkel in der Karte ermittelt und an der Ablesemarke fixiert.
- Mit Nordmarke und Magnetnadel werden Winkel aus der Landschaft erfaßt und an der Ablesemarke fixiert.
- Die Winkelgrößen können bei Bedarf an der Skala der Kompaßrose abgelesen werden.
- Mit den Skalen der Anlegekanten können Entfernungen aus der Karte abgetragen werden.

Zusatzausstattung

Ergänzend zu der oben beschriebenen notwendigen Grundausstattung werden einige Modelle mit zusätzlichen Funktionen ausgestattet.

Mißweisungskorrektur

Unbedingt zu empfehlen sind Kompasse mit eingebauter Mißweisungskorrektur. Wie später noch ausführlich dargestellt wird, zeigt die Magnetnadel nicht nach geografisch Nord. Die Ablenkung ist bekannt und muß bei großen Werten berücksichtigt werden.

Mit der im Kompaß eingebauten Mißweisungskorrektur ist es möglich, diese Ablenkung zu eliminieren. Mit Hilfe einer kleinen Schraube und einer

Mißweisungsskala wird die Nordmarke gegenüber den Nordlinien um den Betrag der Ablenkung verdreht.

Spiegelvisier

Die Ausstattung mit einem aufklappbaren Spiegelvisier erhöht die Präzision der Peilungen geringfügig. Als sehr positiver Nebeneffekt ergibt sich bei ganz aufgeklapptem Spiegel eine verlängerte Anlegekante.

Der Spiegel kann zusätzlich als Notsignal oder Rasier- und/oder Kosmetikspiegel gute Dienste leisten.

Leuchtmarken

Richtungspfeil, Ablesemarke, Nordmarke und Magnetnadel werden oft mit phosphoreszierenden Mitteln ausgestattet. Das kann nachts von großem Nutzen sein.

Umhängekordel

Auf eine Umhängekordel sollte man nicht verzichten. Der Kompaß kann am Hals getragen oder z.B. am Rucksack oder Boot befestigt werden.

Lupe

Eine in die Rahmenplatte integrierte Lupe ist zwar nicht notwendig, sie kann aber beim Kartenlesen sehr hilfreich sein.

Planzeiger

In den Rahmenplatten mancher Kompaßmodelle befinden sich Planzeiger für die Maßstäbe 1:50.000 und 1:25.000 (☞ Kartenkunde 2, Planzeiger).

Die Hauptthimmelsrichtungen

Die Kenntnis der acht Haupthimmelsrichtungen ist unbedingt wichtig. Bevor Sie beispielsweise eine konkrete Kursbestimmung oder Peilung mit dem Kompaß machen, müssen Sie im Kopf schon eine ungefähre Vorstellung der tatsächlichen Richtung haben.

Die Einteilungen der Kompaßrose

Grad

Die meisten Kompaßrosen sind in den bekannten Winkelmaßen von 0 bis 360° eingeteilt. Die Feineinteilung erfolgt in Schritten von 2 oder 5°.

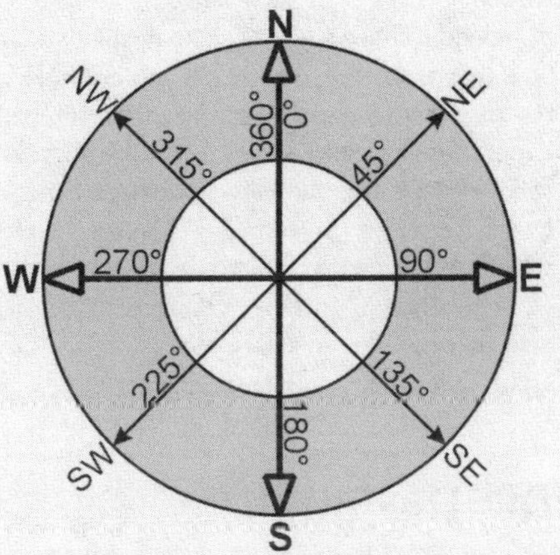

Abb. 25: Die Kompaßrose

Gon

Die Einteilung in Gon ist relativ selten. Die Rose wird in 400 Teile zerlegt. Nord = 0 bzw. 400; Ost = 100; Süd = 200; West = 300 Gon.

Strich

Die Einteilung in Strich (mils) wird vorwiegend vom Militär benutzt. In der Nato teilt man die Kompaßrose in 6.400 Einheiten. Nord = 0¯ bzw. 6.400¯ Ost = 1.600¯; Süd = 3.200¯; West = 4.800¯ (mils).

Mit Gon und Strich läßt sich besser rechnen. Trotzdem haben sich beide Systeme nicht durchgesetzt.

Kompaßablenkungen

Die freischwingende Magnetnadel kann durch folgende Kräfte abgelenkt werden:

- ▷ Inklination
- ▷ Deviation
- ▷ Deklination

Die Inklination

Die Erde ist ein gigantischer Magnet. Die Kräfte des Magnetfeldes wirken sowohl horizontal als auch vertikal. Die **vertikale Ablenkung** der Magnetnadel nennt man Inklination. Die Kompaßhersteller berücksichtigen die Inklination, indem sie die Magnetnadel mit einem kleinen Gegengewicht justieren. Bis zu einem gewissen Grad kann die Inklination durch Schräghalten des Kompasses ausgeglichen werden. Ist sie aber zu groß, verkantet die Magnetnadel in der Dose und ein vernünftiges Navigieren ist nicht mehr möglich. Einige Hersteller (Adressen ☞ Anhang) bieten Wanderkompasse für verschiedene Inklinationszonen an.

Die im Handel vorrätigen Kompasse sind in der Zone einsetzbar, die von etwa 30 bis 70° nördlicher Breite geht, d.h. ganz Europa, Nordamerika und große Teile Asiens sind damit abgedeckt.

Die Deviation

Unter Deviation versteht man die **Ablenkung** der Magnetnadel durch **Eisenteile** und **elektromagnetische Schwingungen** im Nahbereich des Kompasses.

Achten Sie bei der Kompaßarbeit darauf, daß in seiner unmittelbaren Umgebung keine störenden Gegenstände wie z.B. Uhren, Brillen, Werkzeuge, Kugelschreiber, Fotoapparate, Taschenlampen, Ferngläser etc. oder elektrische Geräte wie Radio, Handys, GPS-Empfänger herumliegen.

Halten Sie sich auch von Fahrzeugen oder Stromleitungen fern. Die Installation eines Magnetkompasses in Fahrzeugen aus Stahl ist problematisch. Der Kompaß kann nur durch einen Fachmann kompensiert werden. Außerdem wirkt sich die Deviation auf die gesteuerten Kurse unterschiedlich aus, so daß eine Deviationstabelle erstellt werden muß.

Die Deklination

Unter Deklination versteht man die **horizontale Ablenkung** der Magnetnadel von der geografischen Nordrichtung. Die Feldlinien und Pole des Erdmagnetfeldes stimmen nicht mit den geografischen Meridianen und Polen überein. Die Nadel des Kompasses richtet sich nach den magnetischen Feldlinien aus.

Die Deklination ist der Winkel zwischen dem geografischen Meridian und der magnetischen Feldlinie. Während die Meridiane nach **rechtweisend (geografisch) Nord** weisen, sind die magnetischen Feldlinien nach **magnetisch Nord** ausgerichtet.

Die Deklination ist an allen Orten der Erde verschieden. In Mitteleuropa und im mittleren Westen der USA liegt der Wert zur Zeit bei 0°, in Sydney bei 10°E, auf Island bei 20°W, in Kapstadt bei 25°W...

Den genauen Wert der Deklination finden Sie im Kartenrand der topografischen Karte abgedruckt. Er gilt nur für das auf der Karte dargestellte Gebiet. Hohe Werte (ab etwa 5°) müssen bei der Arbeit mit Karte und Kompaß berücksichtigt werden!

Das Magnetfeld der Erde ändert sich ständig. Wir wissen, daß sich der magnetische Nordpol, der sich zur Zeit in der kanadischen Arktis befindet, langsam auf den geografischen Nordpol zu bewegt. Auch die jährliche Änderung des Magnetfeldes kann der topografischen Karte entnommen werden (☞ Abb. 26).

Berechnung der momentanen Deklination

Zwei Rechenbeispiele

Deklination in Kiel 1996	*-1°11'*
Jährliche Änderung (6')>> 5 Jahre x 6' =	*30'*
Deklination in Kiel 2001	*-0° 41''*

Dieser Wert kann in der Praxis vernachlässigt werden.

Deklination Diamain Lake (Kanada/Yukon) 1995	*33°30'E*
Jährliche Änderung (4') >> (6 Jahre x 4') =	*24'E*
Deklination Diamain Lake 2001	*33°54'E*

Dieser hohe Wert muß natürlich bei der Arbeit mit Karte und Kompaß berücksichtigt werden.

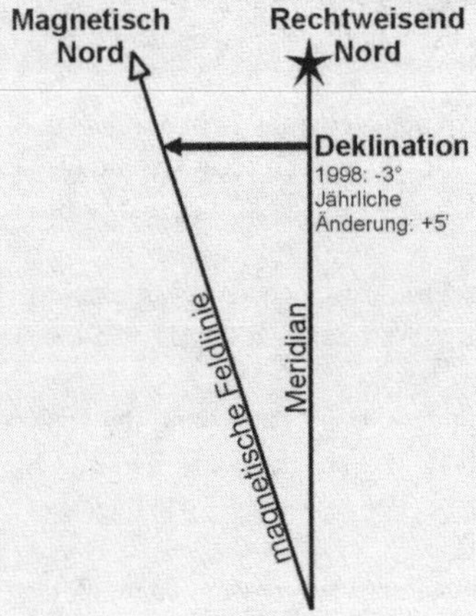

Abb. 26: Die Deklination in der topografischen Karte

In der Navigation hat West das Vorzeichen "-"; Ost hat, auch wenn nicht vermerkt, das Vorzeichen "+".

Die Nadelabweichung

Wie bereits erwähnt arbeiten wir in der topografischen Karte vorwiegend mit dem eingedruckten geodätischen Gitter. Der nach rechtweisend Nord zeigende Meridian und die nach Gitternord ausgerichteten Gitterlinien weichen um den Winkel der Meridiankonvergenz voneinander ab. Meridian und magnetische Feldlinien wiederum differieren um den Winkel der Deklination. Den dritten Winkel, den zwischen den Gitterlinien und den magnetischen Feldlinien, nennt man **Nadelabweichung**.

Mindestens zwei dieser Winkel sind in der topografischen Karte angegeben. Der dritte Winkel ergibt sich aus den beiden anderen. Die Darstellung erfolgt in Worten und/oder in graphischer Form. Die Winkelgrößen in der graphischen Form sind überzeichnet. Die tatsächlichen Größen entnimmt man den Zahlenangaben.

Beispiel
Die Nadelabweichung läßt sich am besten mit Hilfe einer Graphik, wie in Abb. 27 skizziert, herauslesen:. Nehmen wir an, die Deklination 2001 beträgt –10°; die Meridiankonvergenz 2°. Wenn wir jetzt auf Abb. 27 blicken, sehen wir, daß die Werte von Deklination und Meridiankonvergenz addiert werden müssen. Das Vorzeichen muß negativ sein, denn die Richtung der Nadelabweichung zeigt eindeutig nach West. Ergebnis>> Nadelabweichung 2001: -12°

Ein weiteres Beispiel
Um Rechenfehler zu vermeiden wird auch hier wieder eine Skizze angefertigt (Abb. 28). Aus bekannter Deklination für 2001 (10°) und Meridiankonvergenz (2°) läßt sich leicht die Nadelabweichung (8°) ersehen. Wären andererseits Nadelabweichung und Meridiankonvergenz bekannt, ließe sich die Deklination ableiten.

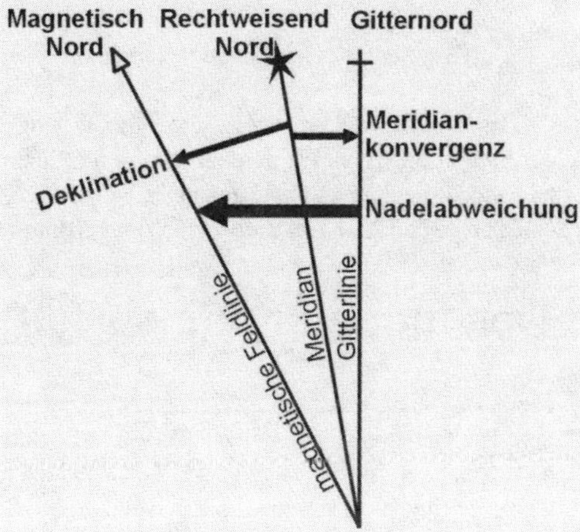

Abb. 27: Die drei Nordrichtungen

Die Mißweisung

Die Mißweisung ist der Oberbegriff für alle **horizontalen Ablenkungen der Magnetnadel**. Das bedeutet:

- Navigation im geodätischen Gitter
  Mißweisung = Nadelabweichung
- Navigation im geografischen Gitter
  Mißweisung = Deklination
- Eingebauter und kompensierter Kompaß in einem Fahrzeug und Navigation im geodätischen Gitter
  Mißweisung = Nadelabweichung + Deviation

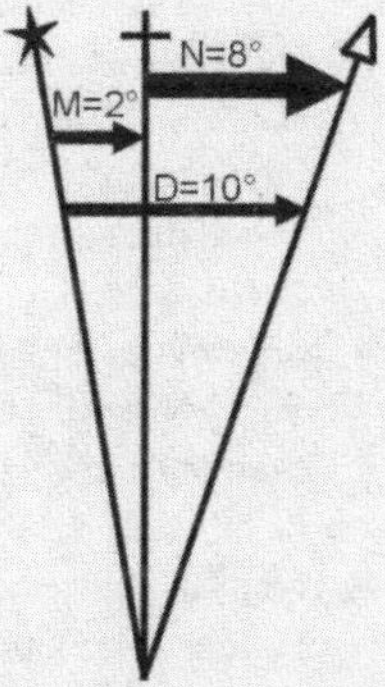

Abb. 28: Graphische Ermittlung der Nadelabweichung

- Eingebauter und kompensierter Kompaß in einem Fahrzeug und Navigation im geografischen Gitter
  Mißweisung = Deklination + Deviation

Das bedeutet weiterhin: Alle Kurse und Peilungen müssen um den Wert der Mißweisung korrigiert werden! Das kann rechnerisch erfolgen oder - falls vorhanden - mit der im Kompaß eingebauten Mißweisungskorrektur. Wie das im einzelnen funktioniert, wird nachfolgend erläutert.

Tips für den Kompaßkauf

Die Anschaffung eines guten Wanderkompasses ist eine einmalige Investition. Die Geräte namhafter Hersteller wie Silva, Suunto, Recta und Eschenbach (Adressen ☞ Anhang) garantieren eine hohe Qualität: sie sind zuverlässig, leicht, preiswert und fast unzerstörbar. Beachten Sie vor allem folgendes: Um präzise und damit verwertbare Ergebnisse zu bekommen, dürfen Anlegekanten, Nordlinien, Nordmarke und Magnetnadel nicht zu klein sein.

- Die Anlegekanten sollten mindestens 10 cm lang sein, und mindestens eine davon sollte mit einer Millimeterskala versehen sein.
- Die Kompaßdose muß rund, aber mit leichtem Widerstand drehbar sein. Ihr Durchmesser sollte 4 cm nicht unterschreiten.
- Eine eingebaute Mißweisungskorrektur ist für den universellen Einsatz unbedingt notwendig. Der Mehrpreis lohnt sich.
- Kompaßrose und Skala der Mißweisungskorrektur sollten auf Grund der weltweiten Verbreitung in Grad eingeteilt sein.
- Spiegelvisiere, Leuchtpunkte, Planzeiger und eingebaute Lupen sind sehr nützliche Hilfsmittel. Unbedingt notwendig sind sie allerdings nicht.
- Das Gewicht eines normal ausgestatteten Kompasses liegt bei 50 g. Ein Gerät mit Spiegelvisier hat ca. 80 g Gewicht.
- Ein Kompaß in Grundausstattung kostet zwischen DM 50 und 100. Kompasse mit Spiegelvisier liegen im Preisbereich von DM 70 bis DM 150.

Navigation mit Karte und Kompaß

Erst das Zusammenspiel von Karte und Kompaß ermöglicht eine sichere Orientierung in der Natur. Die Karte vermittelt in übersichtlicher Weise ein Abbild der Landschaft - der Kompaß bringt Karte und Landschaft in Einklang. Wie das funktioniert, ist Thema dieses Abschnittes. Doch keine Angst. Das Ganze ist ein Kinderspiel - zumal nur in Ausnahmefällen Richtungen in Zahlenwerten abgelesen oder errechnet werden müssen.

Die Navigation mit Karte und Kompaß basiert auf zwei Elementen:

- ▷ der Groborientierung,
- ▷ der Feinorientierung.

Bei der Feinorientierung müssen lediglich zwei Verfahren beherrscht werden:

- ▷ die Kursbestimmung,
- ▷ die Standortbestimmung.

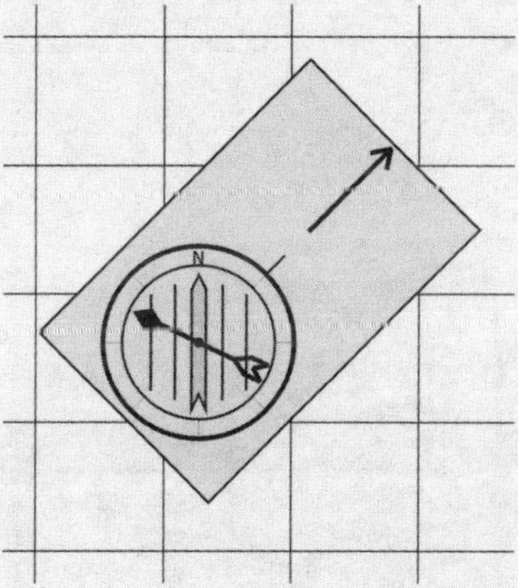

Abb. 29: Die Navigation

Die Groborientierung

Orientierung beginnt im Kopf! Es ist immer wieder nötig, sich einen groben Überblick über die Landschaft zu verschaffen. Und zwar nicht nur bevor exakte Richtungen mit Karte und Kompaß ermittelt werden, sondern auch unterwegs, um die Richtigkeit des eingeschlagenen Weges zu prüfen. Zur groben Orientierung ist das Einnorden von Karte und Landschaft wichtig.

Einnorden der Karte

❶ Sie drehen die Kompaßdose so lange, bis 0°(N) an der Ablesemarke anliegt. Jetzt ist die Nordrichtung fixiert.

❷ Sie legen eine Anlegekante des Kompasses an eine senkrechte Gitterlinie der Karte.

❸ Drehen Sie sich mit Karte und Kompaß so lange, bis das Nordende der Magnetnadel in der Nordmarke ruht.

❹ Kompaß, Karte und ihr Blick sind nach Norden ausgerichtet.

❺ Sie kennen die Haupthimmelsrichtungen. Vergleichen Sie in Ruhe Landschaft und Karte. Prägen Sie sich Besonderheiten ein.

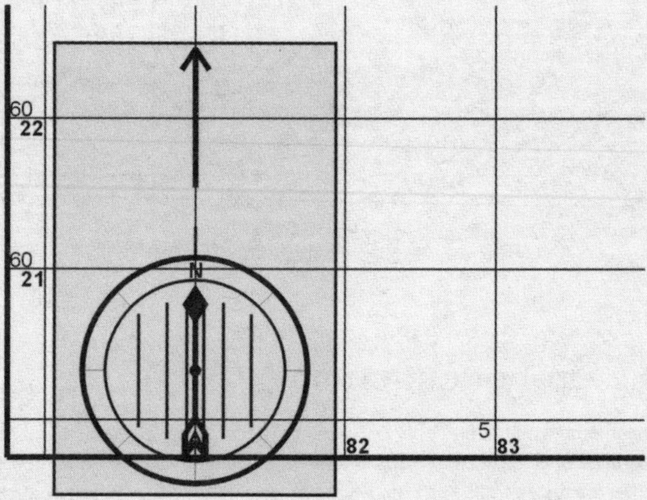

Abb. 30: Einnorden einer Karte

Die Kursbestimmung

Es gilt, die Richtung einer Wegstrecke (= Kurs), ausgehend von einem bekannten Standort, in der Karte zu ermitteln und diese dann in die Landschaft zu übertragen.

Kursbestimmung in der Karte

Die Karte muß nicht eingenordet werden!

❶ Der Standort (A) als Ausgangspunkt der Wegstrecke ist bekannt.
❷ Der Zielort (Z) wird festgelegt. Ausgangspunkt und Zielort sollten nicht zu weit auseinander liegen. Es ist besser, den Kurs öfter neu zu bestimmen.
❸ Wir legen eine Anlegekante des Kompasses auf die Strecke zwischen A und Z. Der Richtungspfeil zeigt in Richtung Z!
❹ Mit der linken Hand werden Kompaß und Karte über der gewünschten Strecke fixiert.
❺ Mit der rechten Hand wird die Kompaßdose so lange gedreht, bis die Nordlinien mit den senkrechten Gitterlinien der Karte parallel laufen. Die Nordmarke weist nach "Norden"! Die Magnetnadel spielt vorerst keine Rolle.

Am Kompaß ist jetzt der Kurs eingestellt: Der Winkel zwischen Anlegekante bzw. Richtungspfeil und Nordlinien entspricht dem in der Karte zwischen der Strecke A bis Z und den Gitterlinien.

Übertragung des Kurses in die Landschaft

Es gilt, den in der Karte ermittelten Kurs in die Landschaft zu übertragen.

❶ Wir halten den Kompaß waagerecht mit angewinkelten Händen direkt vor den Körper etwa in Hüfthöhe. Der Richtungspfeil zeigt vom Körper weg!
❷ Wir drehen uns mit dem Kompaß so lange, bis das Nordende der Magnetnadel in der Nordmarke ruht!
❸ Der Richtungspfeil des Kompasses weist nun in Richtung des zu gehenden Weges.

❹ Wir suchen in Pfeilrichtung ein markantes und nicht zu weit entferntes Objekt als Hilfsziel. Wir stecken den Kompaß ein und gehen auf das Hilfsziel zu. Wenn wir das Hilfsziel erreicht haben, suchen wir uns ein neues Hilfsziel, indem wir erneut Magnetnadel und Nordmarke in Überlappung bringen. So hangelt man sich langsam zum Ziel.

☺ Verstellen Sie den am Kompaß eingestellten Kurs möglichst nicht. Sicherheitshalber lesen Sie den Kurswert an der Skala der Kompaßrose ab und notieren ihn in der Karte. So muß er nicht neu ermittelt werden.

Können auf Grund der Geländeform oder wegen schlechter Sicht keine Hilfsziele ausgemacht werden, muß der Kompaß ständig abgelesen werden. Das ist natürlich eine unerfreuliche und mühevolle Angelegenheit.

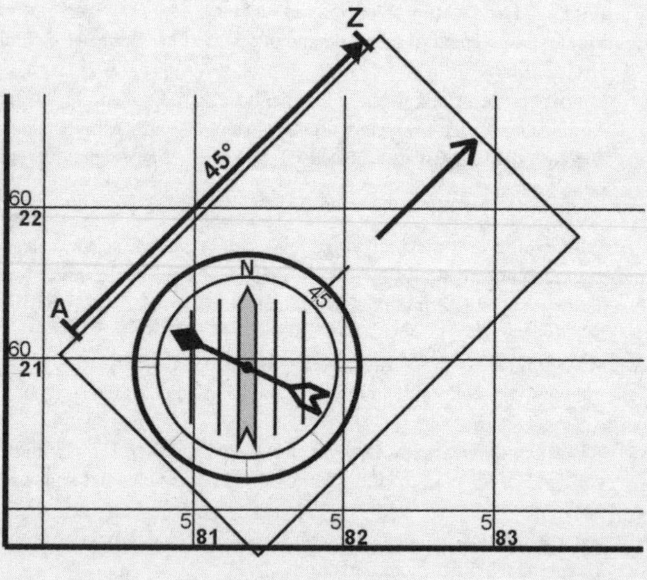

Abb. 31: Kursbestimmung in der Karte

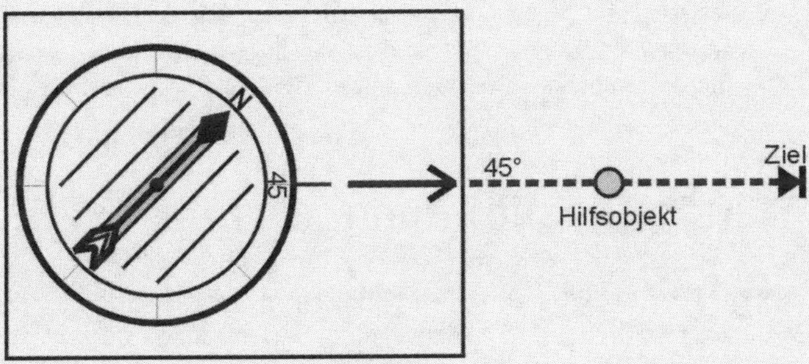

Abb. 32: Übertragung des Kurses in die Landschaft

Tips für die Kurswahl

Es ist in der Praxis wenig sinnvoll, seinen Kurs genau auf einen kleinen Zielpunkt abzusetzen. In der Regel treffen Sie das Ziel nicht.

Das liegt zum einen daran, daß der Kurs nicht hundertprozentig genau ermittelt wird, und zum anderen wird man den Kurs im Gelände nie genau einhalten können. Besonders im unwegsamen oder stark zerklüfteten Gelände wird man immer wieder von der Kursrichtung abweichen müssen.

Suchen Sie deshalb auf der Karte ein Ziel, daß Sie mit großer Sicherheit erreichen werden. Von diesem sogenannten Referenzpunkt (oder Linie) hangeln Sie sich dann zum Zielpunkt hin.

Beispiele (☞ Abb. 21)

- ▶ Sie befinden sich mit Ihrem Boot im Südosten des Neudorfer Sees und wollen die Brücke am Wirtshaus ansteuern. Da die Sicht schlecht ist, setzen Sie ihren Kurs auf die nördlich der Brücke gelegene Uferlinie ab. Wenn Sie das Ufer erreicht haben, brauchen Sie nur noch der Uferlinie nach Westen folgen und Sie werden die Brücke ohne Mühe finden. Hätten Sie Ihren Kurs genau auf die Brücke abgesetzt und diese verfehlt, müßten Sie sowohl nach Norden als auch nach Westen ihr Ziel suchen.
- ▶ Sie befinden sich auf dem Berg südwestlich von Neudorf und wollen die Brücke bei Neudorf erreichen. Sie marschieren querfeldein. Es ist

matschig und es geht bergab. Hilfsziele lassen sich nicht ermitteln. Sie setzen ihren Kurs mit "NE" auf die nahegelegene Straße ab. Nachdem Sie die Straße erreicht haben, folgen Sie ihr ein Stück nach Norden und Sie werden die gewünschte Brücke bald ausmachen können.

Standortbestimmung

Es gilt, einen Standort, man sagt auch Position, in der Landschaft zu ermitteln und diesen dann in die Karte zu übertragen. Durch Standortbestimmung kann:

- die Richtigkeit des eingeschlagenen Kurses überprüft werden
- ein Ausgangspunkt zur erneuten Kursbestimmung ermittelt werden

Um einen Standort zu bestimmen, braucht man mindestens zwei **Standlinien**, die sich kreuzen. Der Kreuzungspunkt der Standlinien ist der Standort. Standlinien können im wesentlichen ermittelt werden:

- aus der Karte (Kartenstandlinien wie z.B. Uferlinien, Straßen, Hochspannungsleitungen ...),
- aus Kurs und zurückgelegter Strecke,
- aus Kompaßpeilungen.

Kartenstandlinien

Hervorragende und genaue Standlinien liefert die topografische Karte selbst. Besonders Uferlinien, Bachläufe, Straßen und Eisenbahntrassen, Böschungen, Hochspannungsleitungen und Waldgrenzen sind als Standlinien gut geeignet. Höhenlinien dagegen sind nur im Zusammenwirken mit einem Höhenmesser als Standlinie nutzbar.

Standlinien aus Kurs und zurückgelegter Strecke

Mit großer Vorsicht zu behandeln sind Standlinien, die sich aus dem Kurs und der zurückgelegten Strecke ergeben. Denn besonders für den Wanderer ist es schwierig, die zurückgelegte Distanz exakt zu ermitteln. Die gern eingesetzten Schrittzähler geben nur einen ungefähren Wert wieder. Und auch die rechnerische Ermittlung der Gehdistanz aus Zeit, Wegstrecke und Höhenmetern ist wenig präzise. Für die Groborientierung ist die Standlinie allerdings brauchbar.

Standlinie durch Kompaßpeilung

Peilungen mit dem Kompaß liefern gut verwertbare Standlinien. Peilen heißt, die Richtung ermitteln, die ein bekanntes Objekt zum Betrachter einnimmt. Das Verfahren ist im Prinzip das gleiche wie bei der Kursbestimmung. Nur das diesmal der Verfahrensweg von der Landschaft in die Karte führt.

Peilung eines Objektes

❶ Wir suchen uns ein klar erkennbares, nicht zu weit entferntes Objekt in der Landschaft, z.B. einen Berggipfel, einen Turm, eine Landnase im See ...

❷ Das Objekt muß in der Karte eindeutig identifiziert werden können.

❸ Wir peilen das Objekt mit dem Kompaß an: Wir drehen uns mit dem gesamten Körper auf das Objekt zu; wir halten den Kompaß waagerecht mit angewinkeltem Arm vor den Körper, etwa in Hüfthöhe. Wir blicken jetzt fast senkrecht auf den Kompaß; der Richtungspfeil des Kompasses zeigt auf das Objekt!

❹ Durch mehrmaliges Visieren bringen wir Objektrichtung und Richtungspfeil in Deckung.

❺ Wir drehen die Kompaßdose so lange, bis das Nordende der Magnetnadel in der Nordmarke ruht! Jetzt ist der Peilungswinkel am Kompaß fixiert.

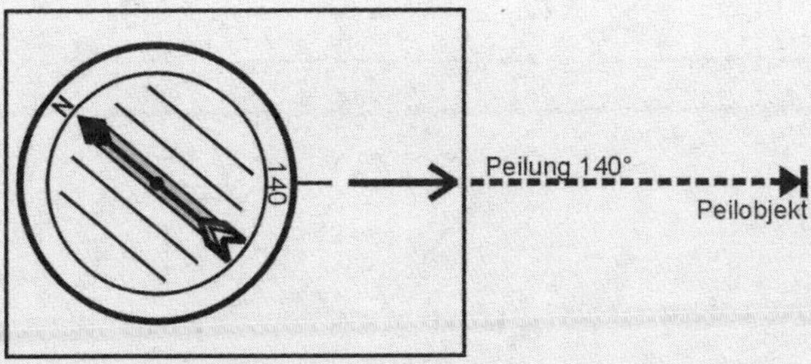

Abb. 33: Peilen mit dem Kompaß

Peilungen bei Kompassen mit Spiegelvisier werden im Prinzip genauso durchgeführt. Der Kompaß wird etwa auf Augenhöhe gebracht. Der Spiegel wird so ausgerichtet, daß ein gleichzeitiges Beobachten von Objekt und Kompaßdose möglich ist. Der Wert der Peilung ist geringfügig genauer als bei der Peilung in Hüfthöhe.

Übertragung der Peilung in die Karte

❶ Wir legen eine Anlegekante des Kompasses an das Peilobjekt. Der Richtungspfeil zeigt zum Objekt! Die Nordmarke weist nach "Norden"!

❷ Wir verschieben den Kompaß so lange um das Peilobjekt, bis die Nordlinien mit den Gitterlinien der Karte parallel laufen.

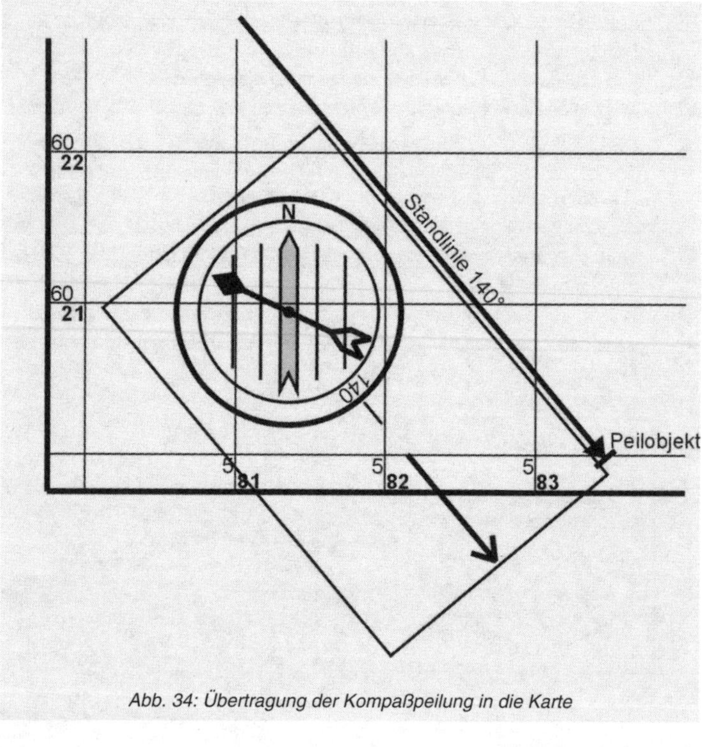

Abb. 34: Übertragung der Kompaßpeilung in die Karte

❸ An der Anlegekante ist jetzt die Peilung angebracht. Mit einem Bleistift zeichnen wir unsere Standlinie in die Karte ein. Irgendwo auf dieser Standlinie ist unser gesuchter Standort. Siehe auch Abb. 34

Standort durch Kreuzpeilung

Zur Bestimmung eines Standortes wählen wir zwei Objekte, die etwa 90° auseinander liegen heraus. Die Objekte sollten nicht zu weit entfernt liegen und müssen eindeutig in der Landschaft und auf der Karte identifiziert werden können.

Wir peilen Objekt A mit dem Kompaß nach der vorher beschriebenen Methode und zeichnen die Standlinie in die Karte ein. Danach verfahren wir ebenso mit dem Objekt B. Wo sich die Standlinien kreuzen, ist unser Standort.

Natürlich können Sie auch drei oder mehr Objekte zur Standortbestimmung heranziehen. Sie erhalten dann ein Standortdreieck bzw. Vieleck. Der geometrische Mittelpunkt kann dann als Standort angenommen werden.

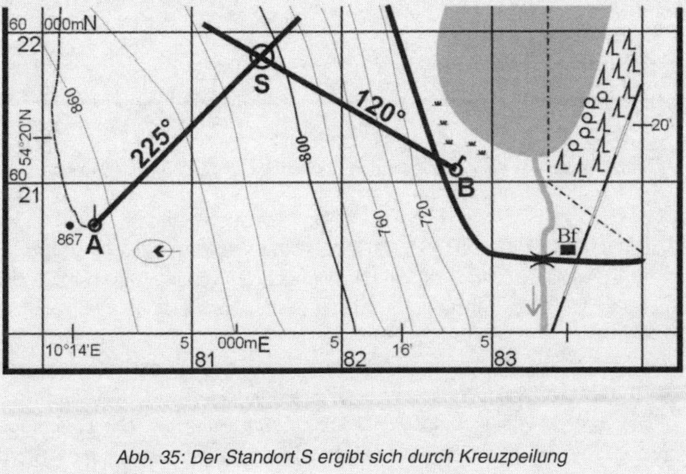

Abb. 35: Der Standort S ergibt sich durch Kreuzpeilung

Standort aus Peilung und Kartenstandlinie

Einen sehr zuverlässigen Standort erhalten wir durch eine Kartenstandlinie aus der topografischen Karte und einer Kompaßpeilung.

Beispiel

Wir kreuzen die Straße westlich des "Neudorfer Sees" (☞ auch Abb. 21). Wir wissen, daß unser Standort irgendwo auf dieser Straße liegt. Wir peilen den Turm auf dem 867 m hohen Berg in 242°. Wir zeichnen die Peilung in unsere Karte ein und erhalten den Standort B (☞ Abb. 36).

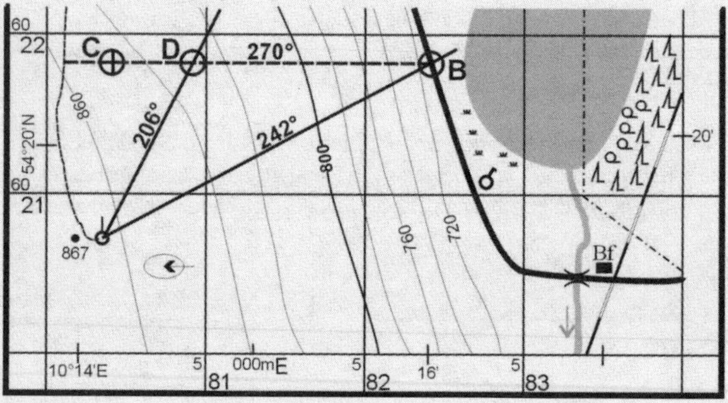

Abb. 36: Standortbestimmung durch Kartenstandlinie und Kompaßpeilung

Standort aus Kurs und zurückgelegter Strecke

Dies ist, wie bereits erwähnt, ein relativ unsicheres Verfahren, da die zurückgelegte Strecke im Prinzip nur geschätzt werden kann.

Beispiel

☞ Abb. 36. Aus dem an der Straße bestimmten Standort B setzen wir einen exakten Westkurs auf den Feldweg zum Turm ab. Die Entfernung beträgt 2,3 km. Das Gelände ist leicht ansteigend, ansonsten ohne weitere

Hindernisse. Der Boden ist aber durch ergiebige Regenfälle sehr aufgeweicht.

Unsere aus Erfahrung ermittelte Geschwindigkeit liegt ca. bei 4 km/h. Nach 30 Minuten Gehzeit hätten wir 2,0 km zurückgelegt. Wir müßten also eigentlich am Punkt C sein.

Wir überprüfen den Standort durch Kompaßpeilung. Wir peilen den Turm unter 206°. Es ergibt sich der Standort D. Die Standorte aus Kurs/Peilung (D) und Kurs/zurückgelegte Strecke (C) liegen gut 500 m auseinander. Die Genauigkeit des Standortes D ist auf jeden Fall höher einzustufen.

Unsere Geschwindigkeit lag demnach bei etwa 3 km/h.

Kurs- und Standortbestimmung bei Mißweisung

Bei den bisher besprochenen Verfahren zur Kurs- und Standortbestimmung haben wir die Mißweisung nicht berücksichtigt.

In großen Teilen Mitteleuropas sind die Werte zur Zeit so gering, daß sie vernachlässigt werden können. Doch in vielen Teilen der Erde kann die Mißweisung sehr große Werte erreichen, die berücksichtigt werden müssen.

Als Faustregel gilt: Mißweisung berücksichtigen bei Werten größer als 5°! Die Mißweisungskorrektur erfolgt durch eine im Kompaß eingebaute Mißweisungskorrektur oder rechnerisch.

Mißweisungskorrektur im Kompaß

Wohl dem, der einen Kompaß mit Mißweisungskorrektur hat. Mit Hilfe einer kleinen Schraube und einer in der Kompaßdose eingearbeiteten Mißweisungsskala wird die Nordmarke gegen die Nordlinien um den Wert der Mißweisung verdreht.

Die Mißweisung wird jetzt automatisch bei allen Kurs- und Standortbestimmungen berücksichtigt. An den Methoden verändert sich sonst nichts!

Diese Korrektur gilt natürlich nur für die topografische Karte, die gerade im Gebrauch ist. Wechseln Sie die Karte, muß eventuell auch die Mißweisungskorrektur den Werten der neuen Karte angepaßt werden.

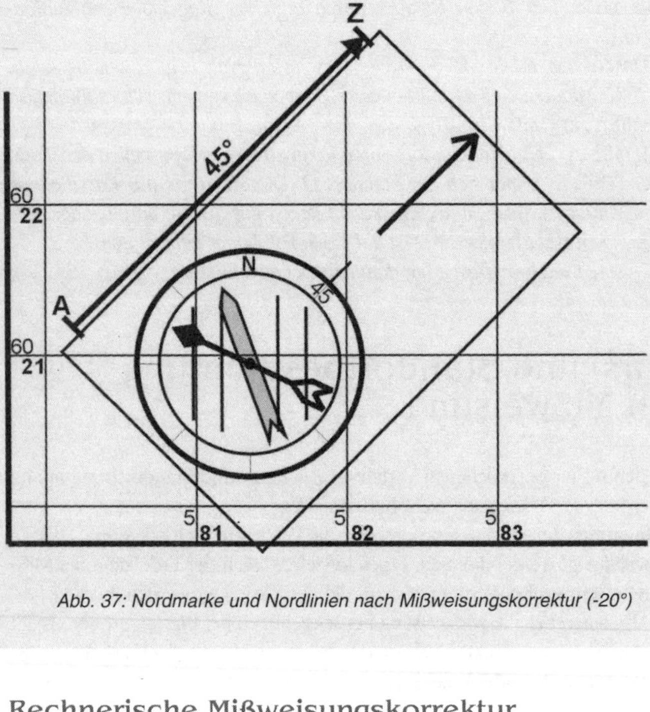

Abb. 37: Nordmarke und Nordlinien nach Mißweisungskorrektur (-20°)

Rechnerische Mißweisungskorrektur

Wenn Ihr Kompaß keine eingebaute Mißweisungskorrektur hat, müssen Sie die Mißweisung rechnerisch berücksichtigen. Das ist umständlich und führt leicht zu Fehlern.

Die Schwierigkeit liegt vor allem in der richtigen Anbringung der Vorzeichen (zur Erinnerung: West = "-"; Ost = "+".)

Vom Karten- zum Kompaßkurs ("vom Wahren zum Falschen")
Sie bestimmen einen Kurs in der Karte. Es ist der **Kartenkurs**. Bevor dieser Kurs in die Landschaft übertragen werden kann, muß er mit der Mißweisung beschickt zum **Kompaßkurs** umgewandelt werden. Doch aufgepaßt: Das Vorzeichen der Mißweisung muß vertauscht werden!

Beispiel
Kartenkurs an der Ablesemarke *60°*
Nadelabweichung *-20°*

Vorzeichen ändern !!! *+20°*
Kompaßkurs *80°*

Sie stellen jetzt 80° an der Ablesemarke des Kompasses ein. Dann wird wie üblich der Kurs in die Landschaft übertragen.

☺ Merksatz aus der seemännischen Navigation: Vom Wahren zum Falschen - mit falschen Vorzeichen!

Von der Kompaßpeilung zur Kartenstandlinie ("vom Falschen zum Wahren")

Sie peilen ein Objekt in der Landschaft mit dem Kompaß. Sie erhalten eine Kompaßpeilung. Diese Peilung muß um den Winkel der Mißweisung korrigiert werden, um sie in der Karte als Standlinie einzeichnen zu können. Doch aufgepaßt: Das Vorzeichen der Mißweisung bleibt wie es ist!

Beispiel
Kompaßpeilung *255°*
Nadelabweichung *+15° (Das Vorzeichen bleibt unverändert!)*
Kartenpeilung *270°*

Wir stellen jetzt 270° an der Ablesemarke des Kompasses ein. Dann wird wie üblich die Standlinie in der Karte eingezeichnet.

☺ Merksatz aus der seemännischen Navigation: Vom Falschen zum Wahren: mit wahren Vorzeichen!

Bestimmung der Mißweisung aus Karte und Landschaft

Bei Karten, in denen keine Mißweisung angegeben ist, oder bei Karten, die älter als zehn Jahre sind, muß die Mißweisung ermittelt bzw. überprüft werden. Das Magnetfeld der Erde ändert sich ständig. Vorausberechnungen sind nur für einen bestimmten Zeitraum zulässig. Die Mißweisung kann durch Peilungsvergleich rechnerisch bestimmt werden. Das funktioniert so:

❶ Unser Standort ist genau bekannt. Er wird in die Karte übertragen.
❷ Wir suchen ein gut sichtbares Objekt, welches nicht zu dicht an unserem Standort liegt. Das Objekt muß in der Karte eindeutig identifizierbar sein.
❸ Wir verbinden Standort und Objekt mit dem Bleistift.
❹ Wir messen den Winkel dieser Standlinie am geodätischen Gitter. Es ergibt sich eine Kartenpeilung. Wir notieren ihren Wert.
❺ Wir peilen das Objekt mit unserem Wanderkompaß so genau wie möglich. Wir lesen den Wert an der Ablesemarke ab und notieren ihn. Wir haben jetzt eine Kompaßpeilung.
❻ Wir vergleichen die Peilungen rechnerisch, bilden die Differenz, und erhalten die Mißweisung (in diesem Fall: die Nadelabweichung).
❼ Das Vorzeichen der Mißweisung ermitteln wir am besten grafisch.

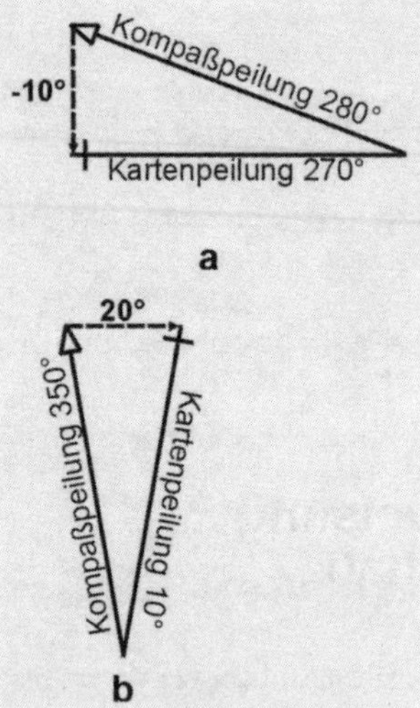

Abb. 38: Zeichnerische Ermittlung der Mißweisung

Beispiel A: (☞ Abb. 38a)
Kartenpeilung: 270°/Kompaßpeilung: 280° ➩ Mißweisung: -10°

Es müssen 280° am Kompaß anliegen, damit man das Objekt (in 270° Kartenpeilung) erreicht. Wir werden also scheinbar um 10° nach Westen "versetzt"; daher ist das Vorzeichen der Mißweisung negativ.

Beispiel B: (☞ Abb. 38b)
Kartenpeilung: 10°/Kompaßpeilung: 350° ➩ Mißweisung: 20°

Liegen 350° am Kompaß an, wird man das Objekt (in 10° Kartenpeilung) erreichen. Wir werden also scheinbar um 20° nach Osten "versetzt"; daher ist das Vorzeichen der Mißweisung positiv.

GLOBAL POSITIONING SYSTEM
- GPS -

Global Positioning System, kurz **GPS**, ist das Zauberwort der modernen Navigation. Das vom Verteidigungsministerium der Vereinigten Staaten eingerichtete und betriebene Satelliten-Navigations-System operiert weltweit, zu jeder Zeit, bei jedem Wetter, mit sehr großer Genauigkeit und kostenlos.

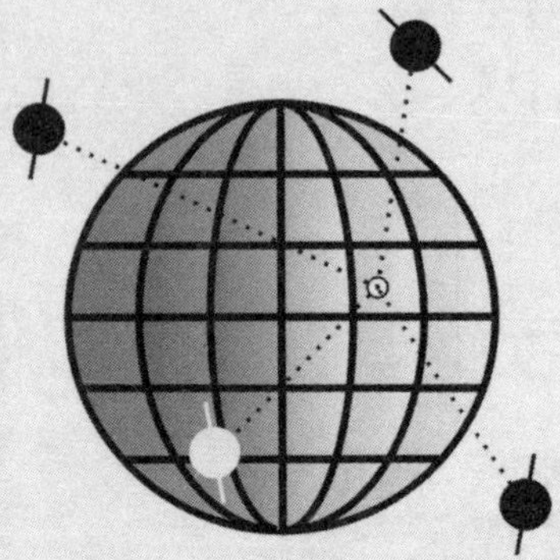

Abb. 39: Navigationssatelliten umkreisen die Erde

24 Navigationssatelliten umkreisen auf festgelegten Bahnen die Erde und senden permanent. Bodenstationen überwachen die Satelliten, versorgen sie mit neuen Daten und korrigieren gegebenenfalls ihre Bahnen und Sender.

Die Signale der Satelliten werden durch geeignete Empfänger verstärkt, entschlüsselt und aufbereitet. Die Daten werden durch einen nachgeschalteten Rechner ausgewertet und schließlich als Positionsmeldung im gewünschten Koordinatensystem auf dem Display des Empfängers angezeigt.

Der GPS-Empfänger

Grundfunktionen

Ein GPS-Empfänger ist mehr als ein Positionsmelder!

Die heutigen Geräte sind mit einem leistungsfähigen Rechner und einer umfangreichen Datenbank ausgestattet. Die Anzeige erfolgt nicht nur in alphanumerischer, sondern auch in graphischer Form.

Die wichtigsten Funktionen im Überblick:

▷ Systemeinstellungen (Setup) zur individuellen Anpassung der Datenausgabe und zur Anpassung von Karte und GPS-Gerät

- ▷ Positionsmeldung bei Stillstand und Fortbewegung
- ▷ Wegpunkte erzeugen und abspeichern
- ▷ Graphische Leitsysteme zur Ansteuerung von Wegpunkten
- ▷ Routennavigation: Verknüpfung von Wegpunkte
- ▷ Kursaufzeichnung zur Speicherung der Fortbewegung
- ▷ Schnittstelle zum Austausch von Daten mit externen Gerät

GPS-Handgeräte

Es gibt mittlerweile eine Vielzahl unterschiedlichster GPS-Empfänger. Die Geräte werden immer kleiner, leistungsfähiger, preiswerter und stabiler. Auch die Bedienungsfreundlichkeit wurde in den letzten Jahren stark verbessert – Anordnung und Belegung der Funktionstasten beispielsweise oder deutschsprachige Menüführung haben die Handhabung wesentlich erleichtert.

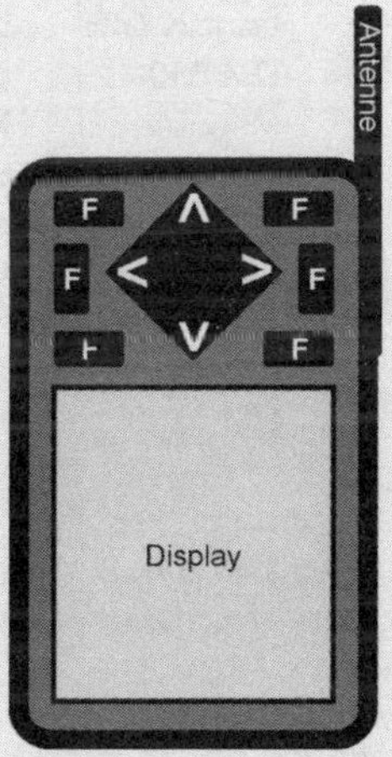

Abb. 40: Der mobile GPS-Empfänger

Selbst der Wanderer und Kanufahrer wird im fast unüberschaubar gewordenen Markt fündig. Ein transportables, witterungsfestes, leichtes und leistungsstarkes Gerät ist etwas größer als eine Zigarettenschachtel, wiegt inklusive Batterien um die 300 g und kostet, ausgestattet mit den Grundfunktionen zwischen DM 200 und DM 500. Mobile Empfänger mit eingebauten Basiskarten, Farbdisplays oder anderen mehr oder minder nützlichen Funktionen liegen im Preisbereich zwischen DM 500 und DM 1300.

Einige Produktbeispiele

Modelle mit Grundfunktionen

- ▷ Magellan GPS 300: preiswertes, aber leistungsfähiges Gerät, ohne PC-Schnittstelle; ca. DM 200.

- ▷ Garmin GPS 12: Grundmodell der Garmin 12 Serie, bewährt, leistungsstark und benutzerfreundlich; ca. DM 400.

Modelle mit Grundfunktionen und Zusatzausstattungen

- ▷ Magellan GPS 315: eingebaute Städtedatenbank; ca. DM 450.
- ▷ Garmin GPS12XL: eingebaute Städtedatenbank; ca. DM 700.
- ▷ Garmin eTrex Summit: Höhenmesser/Barometer und elektronischer Kompaß; ca. DM 700.
- ▷ Garmin emap Empfänger: eingebaute Basiskarte; per CD-Rom können weitere Kartendaten eingelesen werden; ca. DM 750.
- ▷ Garmin GPS 12CX: Farbdisplay, eingebaute Städtedatenbank; ca. DM 850.
- ▷ Magellan Map 410: eingebaute Basiskarte; per CD-Rom können weitere Kartendaten eingelesen werden; ca. DM 1.000.
- ▷ Silva Multi-Navigator: elektronischer Kompaß und Höhenmesser /Barometer ; ca. DM 1000.
- ▷ Garmin GPS III plus: abnehmbare Antenne; eingebaute Basiskarte; per CD-Rom können weitere Kartendaten eingelesen werden; ca. DM 1200.

Anmerkung: Alle Produkt- und Preisangaben unter Vorbehalt (Stand: Dezember 2000). Markt und Produkte ändern sich so schnell, daß keine dauerhaft verläßlichen Angaben gemacht werden können.

Antenne

Die Qualität des Empfangs wird im wesentlichen durch die Empfindlichkeit der Antenne bestimmt, welche bei GPS-Handgeräten meist im Gehäuse integriert ist. Der Empfang kann insbesondere in Straßenschluchten, engen Talkesseln und Rinnen, aber auch unter dem Blätterdach des Waldes verlorengehen. Zum Betrieb in geschlossenen Räumen oder Fahrzeugen muß eine Außenantenne mit Vorverstärker installiert werden.

Energieversorgung

Transportable Geräte werden je nach Modell mit zwei bis sechs Mignon-Zellen (AA) betrieben. Je nach Gerät ist ein Dauerbetrieb von 12 bis 36 Stunden möglich. Der Wanderer, der das GPS als Hauptnavigationshilfe einsetzt, sollte auf jeden Fall ausreichend Ersatzbatterien mitführen. Kleiner Tip: Ziehen Sie bei der Berechnung mindestens 10% der Herstellerangabe für den Dauerbetrieb ab! Leider beschönigen die Hersteller den Verbrauch. Der Wanderer, der GPS nur sporadisch oder in unsicheren Situationen einsetzt, sollte mindestens einen Satz Batterien zusätzlich mitführen.

Der Betrieb mit wiederaufladbaren Akkus ist in der Regel möglich. Meiner Erfahrung nach ist aber der Leistungsabfall sehr stark und benutze sie daher nur zu Übungszwecken im heimischen Revier.

Beim Batteriewechsel gehen keine Daten verloren, da eine eingebaute Speicherbatterie den Datenspeicher längere Zeit sichert.

Die Initialisierung

Wenn Sie den GPS-Empfänger zum erstenmal einsetzen, ihn lange Zeit nicht benutzt haben oder durch eine Flugreise etwa sich vom bisherigen Einsatzgebiet sehr weit entfernt haben, muß er draußen auf einer freien Fläche initialisiert werden. Moderne Geräte durchlaufen diese Phase völlig selbständig (Autolocate). Manche verlangen die Eingabe des Einsatzlandes (Select Country) oder es werden grobe Standortkoordinaten verlangt. Danach sucht der Empfänger geeignete Satelliten, speichert ihre "Navigationsnachrichten" und berechnet schließlich den genauen Standort.

Dieser Prozeß dauert etwa 5 bis 10 Minuten. Danach ist der Empfänger einsatzbereit.

Simulationsmodus

Wie alle modernen elektronischen Geräte sind auch GPS-Empfänger überfrachtet. Ständige Übung und Lektüre des Benutzerhandbuches sind erforderlich, um sich mit ihrem Leistungsspektrum vertraut zu machen. Wer GPS nicht nur als Spielzeug sieht, sondern als nützliche Navigationshilfe, muß sich immer wieder mit den Funktionen und ihrer Bedienung auseinandersetzen. Für das Studium zu Hause bieten viele Geräte den Simulationsmodus an. Hierbei wird der Empfang abgeschaltet und eine Satellitenkonstellation simuliert. Sie können jetzt alle Funktionen nutzen und üben. Beispielsweise läßt sich Fortbewegung darstellen, indem Sie eine Geschwindigkeit eingeben. Jetzt können Sie am Display verfolgen, wie sich die Position verändert oder wie die Kursaufzeichnung arbeitet. Und nebenbei schonen Sie auch noch ihre Batterien.

Am Beispiel des Garmin GPS 12XL werden in den folgenden Abschnitten die Grundfunktionen beschrieben. Geräte anderer Hersteller arbeiten ähnlich. Die Belegung der Funktionstasten, die Aufbereitung am Display oder die Menüführung sind leicht unterschiedlich, aber nicht grundsätzlich verschieden.

Systemeinstellungen

Hit Hilfe des Einstellungsmenüs (Setup) können Sie das Gerät im begrenzten Umfang auf die örtlichen Gegebenheiten und individuellen Bedürfnisse einstellen. Dazu gehören unter anderem:

- ▷ **Arbeitsmodus**: Empfang oder Simulation
- ▷ **Uhrzeit**: Voreingestellt ist die Weltzeit (Universal Time/UT). Unter Eingabe des Zeitunterschiedes gelangen Sie zur Ortszeit (Mitteleuropäische Zeit: +1 Stunde; Mitteleuropäische Sommerzeit: + 2 Stunden); außerdem können Sie wählen zwischen 24- oder 12-Stunden-Format.
- ▷ **Bildschirmkontrast**; Hintergrundbeleuchtung, Tonsignal- und Alarmeinstellung.
- ▷ **Schnittstelle**: Bei Anschluß externer Geräte stehen Ihnen mehrere Input/Output-Formate zur Verfügung.
- ▷ **Sprache**: Voreingestellt ist Englisch. Doch mittlerweile können sie zwischen mehreren Sprache wählen; darunter auch Deutsch. Das erleichtert das Arbeiten ungemein. Auch die meisten Benutzerhandbücher sind inzwischen auf Deutsch erhätlich.
- ▷ **Kursaufzeichnung**: Hier können Sie u.a. die Orientierung der Kursaufzeichnungskarte bestimmen, Anzeigeelemente wie Wegpunkte, Kurse und Entfernungsringe benennen und den Kursaufzeichnungsspeicher löschen.

Navigationseinstellungen

Durch die Navigations-Setup wird das GPS-Gerät auf die verwendete Karte abgestimmt. Nur durch korrekte Einstellungen erhält man exakte und zuverlässige Positionen!

Positionsformat

Standardmäßig eingestellt ist die Positionsausgabe in Form geografischer Koordinaten (Breite und Länge in Winkelmaßen). Der GPS-Empfänger verfügt über eine große Anzahl unterschiedlicher Formate. Die Wichtigsten: Geografische Koordinaten, UTM, German Grid (Gauß-Krüger), British Grid, Swedish Grid...

Geodätisches Datum (Map Datum/Kartendatum)

GPS bezieht sich auf das "World Geodetic System 1984", kurz WGS 84. Dieses System definiert einen Körper, der die wirkliche Gestalt der Erde annähernd wiedergibt. Koordinaten, Höhen und Tiefen werden aus diesem Körper abgeleitet. Viele topografische Karten sind **nicht** oder noch nicht nach diesem System abgebildet.

Es gibt weltweit eine Vielzahl unterschiedlicher lokaler Abbildungssysteme (☞ Kartenkunde I). Moderne GPS-Geräte sind in der Lage, ihre Daten im WGS 84 auf die verschiedenen lokalen Systeme zu überführen. Dazu muß das Geodätische Datum der Karte in das Navigations-Setup ein getragen werden. Ein paar Beispiele: Potsdam Datum, Europäisches Datum, North American Datum...

Maßeinheiten

Weisen Sie den Rechner an, in welchen Einheiten er Höhen- und Entfernungsangaben auswerfen soll: Meter, Fuß, Seemeilen.

Kursreferenz

Hier geben Sie an, auf welche Nordrichtung sich die Ausgabe von Peilungen oder Kursen richten soll: rechtweisend Nord (Wahr), magnetisch Nord (Magn oder Auto) oder Gitternord (Netz).

Wenn Sie beispielsweise eine Peilung zum Wegpunkt direkt auf den Kompaß übertragen wollen, ist die Ausgabe nach magnetisch Nord angebracht. Die Datenbank des GPS-Gerätes hat die Mißweisung bereits eingerechnet. Wenn Sie allerdings einen Kurs auf die topografische Karte übertragen wollen, ist die Einstellung "Netz" sinnvoll.

Um die Wichtigkeit der Navigationseinstellungen hervorzuheben, finden Sie in Abb. 41 drei Beispiele.

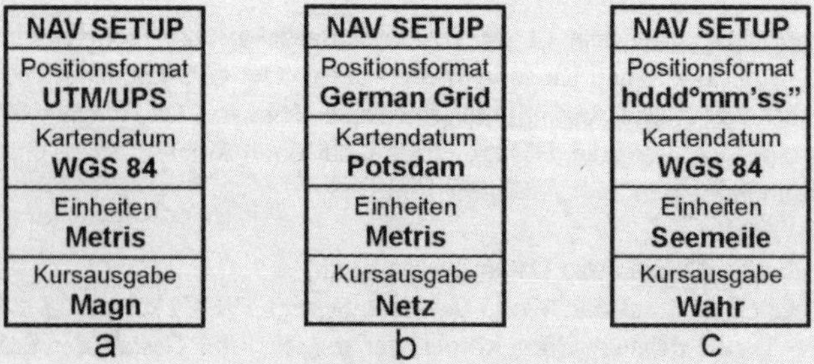

Abb. 41: mögliche *Navigationseinstellungen*

- ▷ In Abb. 41a ist das GPS-Gerät auf die Übungskarte Abb. 21 abgestimmt.
- ▷ In Abb. 41b finden Sie die Einstellung auf eine deutsche topografische Karte 1: 25.000, die noch nicht nach WGS 84 abgebildet ist und…
- ▷ in Abb.41c wird eine Seekarte zur Orientierung benutzt. Da dort geografische Koordinaten verwendet werden, stellt man die Navigations-Setup entsprechend ein.

Positionsmeldung

Bevor eine Positionsmeldung erfolgt, müssen erst Satelliten geortet und ihre Signale ausgewertet werden.

Satellitenstatus

Die Satellitenstatusseite gibt die Anzahl, Position und Signalstärke der georteten Satelliten an. Insgesamt stehen 32 (24 Aktive- und 8 Reserve-) Satelliten zur Verfügung. Heutige GPS-Handgeräte können bis zu 12 Satelliten gleichzeitig empfangen und auswerten.

In Abb. 42 beispielsweise werden sieben davon zur Positionsermittlung verwendet. Der achte (transparenter Balken) wird empfangen; seine Daten sind aber noch nicht ausgewertet.

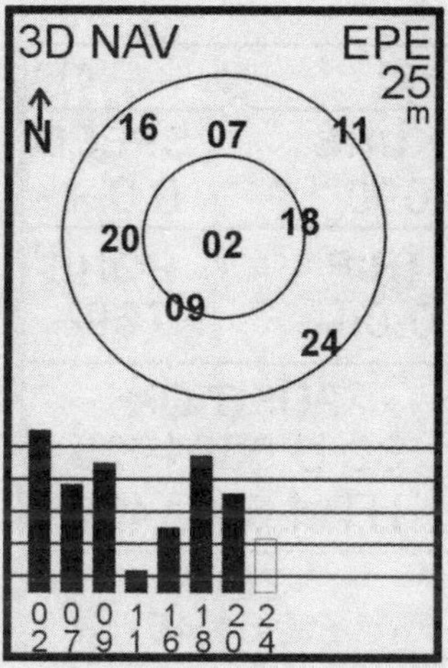

Abb. 42: Satellitenstatusseite

Die Lage der Satelliten ergibt sich aus dem Kreisdiagramm: der äußere Kreis entspricht dem Horizont, der innere 45° Höhe und die Mitte gibt den Zenit an. Satellit "02" in Abb. 42 steht also genau senkrecht über dem Empfänger; Nr."11" steht im Nordosten am Horizont.

Das GPS-Gerät braucht zur Errechnung einer 2D Position (Breite und Länge) mindestens drei Satelliten. Eine 3D Position (Breite, Länge, Höhe) erfordert mindestens vier. Je mehr Satelliten in günstiger Konstellation zur Ver fügung stehen, desto genauer ist der errechnete Standort.

Der geschätzte Positionsfehler (Estimated Position Error, kurz EPE) kann ebenfalls dieser Statusseite entnommen werden. Bei einer 2D Position kann er schon mal mehrere hundert Meter betragen. Wesentlich genauer ist die 3D Position, vor allem wenn genügend brauchbare Satelliten zur Verfügung stehen. Der Fehler liegt dann etwa zwischen 15 und 50 Metern.

Die bewußte und willkürliche Signalverfälschung (Selective Availability/ SA) für die zivile Nutzung ist seit Mitte 2000 durch den Betreiber des Systems aufgehoben, so daß insgesamt sehr genaue Positionen angezeigt werden.

Positionsseite

Nach Auswertung geeigneter Satelliten wird auf der Positionsseite der momentane Standort in der eingestellten Form angezeigt. Abb. 43a zeigt einen Ort in UTM-Koordinaten. Diese können jetzt in die entsprechende Karte übertragen werden.

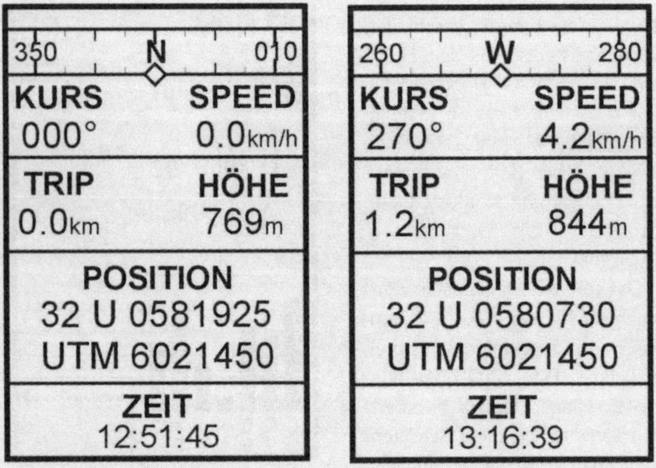

a b

Abb. 43: Positionsseite bei Stillstand (a) und Fortbewegung (b)

Positionsseite bei Fortbewegung

Das GPS-Gerät empfängt permanent und errechnet ständig neue Positionen. Bewegen Sie sich mit dem Gerät in der Hand fort, wird zusätzlich zur Position auch die momentane Geschwindigkeit (Speed/SPD), der insgesamt zurückgelegte Weg (Trip) und der zuletzt eingeschlagene Kurs angegeben. Abb. 43b zeigt die Veränderung in der Anzeige bei Fortbewegung.

Wegpunkte

Wenn man GPS nicht nur zur Positionsermittlung einsetzen möchte, sondern es als vollwertiges Navigationssystem nutzen will, muß man Wegpunkte eingeben und abspeichern.

Wegpunkte (WPT) sind Positionen, deren Koordinaten unter sinnvoller und wiedererkennbarer Bezeichnung in der Datenbank des Gerätes hinterlegt werden. Sie können dann jederzeit für weitere Funktionen herangezogen werden: Wegpunkt- und Routennavigation.

Wegpunkte lassen sich auf verschiedene Art und Weise gewinnen:

- **Markierung über Funktionstaste**
  Sie sind unterwegs und wollen den Ort, den sie gerade erreicht haben, als Wegpunkt abspeichern. Sie drücken die entsprechende Funktionstaste, geben dem Wegpunkt einen sinnigen Namen oder eine Nummer und ordnen ihm, falls möglich, ein Piktogramm zu. Danach wird er abgespeichert und kann nun über die Wegpunktliste angesehen, aktiviert, gelöscht oder umbenannt werden. In Abb. 44 ist die Ruine aus Übungskarte Abb. 21 als Wegpunkt zur Abspeicherung markiert.

Abb.44: Wegpunkmarkierung

- **Manuelle Koordinateneingabe**
  Sie lesen z.B. aus der topografischen Karte mit Hilfe eines Planzeigers die UTM-Koordinaten eines Ortes heraus, geben die Werte über die Tastatur in ihr Gerät ein und speichern den neuen Wegpunkt unter wiedererkennbarer Bezeichnung ab.

☺ Kennzeichnen Sie ihre Wegpunkte gleichlautend in ihrer Karte. Das schafft Übersicht!

- **Referenzwegpunkt**
  Sie ermitteln aus der Karte Richtung (PLG) und Distanz (DST) von einem bereits gespeicherten Wegpunkt (Referenzwegpunkt) zu einem gewünschten Zielpunkt. Stellen Sie als erstes sicher, daß in den Navigationseinstellungen die Kursreferenz auf "Netz" steht, wählen Sie dann die Menüseite zur Erstellung neuer Wegpunkte und geben dort Name,

Abb. 45: Referenzwegpunkt

Referenzwegpunkt, Peilung und Distanz ein. Ihr Gerät berechnet die Koordinaten des Zielpunktes und Sie können ihn dann wie gewöhnlich als Wegpunkt ihrer Liste zufügen. In Abb. 45 finden Sie ein Beispiel: Referenzwegpunkt ist hier die "Ruine".

Navigation zum Wegpunkt

Wie erreicht man mit Hilfe von GPS einen Wegpunkt?

❶ muß man das Gerät anweisen, daß man einen Wegpunkt ansteuern möchte,

❷ aktiviert man den gewünschten Wegpunkt und

❸ schaltet man auf ein Leitsystem (graphische Steuerhilfe) um, welches einen letztendlich zum Ziel führt.

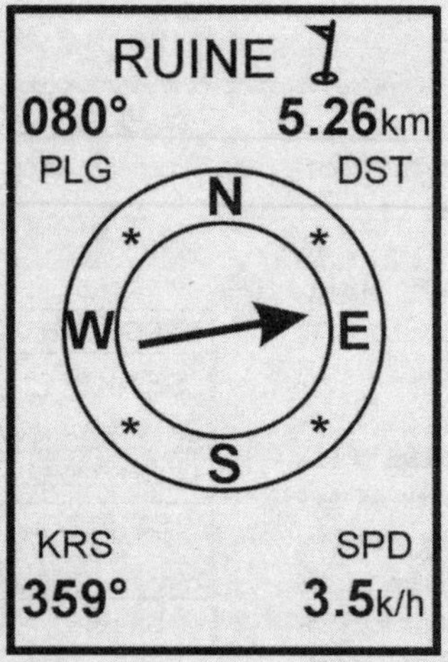

Abb. 46: Die Kompaßseite

Beim Garmin 12 XL beispielsweise wird die Funktionstaste "GOTO" gedrückt. Aus der jetzt angezeigten Wegpunktliste wählen Sie den gewünschten WPT heraus und aktivieren ihn durch "ENTER"; sofort schaltet das Gerät auf die "Kompaßseite" um.

Leitsysteme

Das anschaulichste und beliebteste Leitsystem ist die **Kompaßseite**. Diese graphische Steuerhilfe führt Sie verständlich zum aktiven Wegpunkt.

In Abb. 46 wurde als Zielpunkt der Wegpunkt "RUINE" gewählt.

Oben links ist die Peilung (PLG) zum Wegpunkt vermerkt; oben rechts die Distanz (DST); unten links ist der momentane Kurs (KRS) und unten rechts die momentane Geschwindigkeit (SPD) angegeben. Der Richtungspfeil in der Mitte der Seite weist auf das Objekt. In diesem Fall müssen Sie ihren Kurs solange nach rechts (Osten) verändern bis der Pfeil senkrecht nach oben steht – jetzt wandern Sie genau auf den Wegpunkt zu. PLG und KRS haben dann den gleichen Wert.

Damit Sie nicht permanent auf das Display ihres Gerätes starren müssen, suchen Sie sich, wenn der Kurs zum Wegpunkt gefunden ist, ein gut sichtbares Hilfsziel, daß sie ansteuern können. Am Hilfsziel angekommen überprüfen Sie ihren Kurs und ändern gegebenenfalls ihre Richtung. Suchen Sie ein neues Hilfsziel und hangeln sich so zum Wegpunkt. Bei Annäherung an den Wegpunkt erscheint eine Meldung im Display oder auch, wenn eingestellt, eine akkustische Warnung.

Die "**Autobahnseite**" ist ein weiteres allerdings weniger anschauliches Leitsystem. Es ist geeignet, wenn ein Wegpunkt auf relativ geraden Weg angesteuert werden kann.

Die Richtung zum Wegpunkt wird grafisch in Form einer senkrechten Linie angezeigt. Verlassen Sie den Kurs, weicht auch die Richtungslinie auf dem Bildschirm von der Senkrechten ab. Die Graphik zeigt, welche Richtung Sie wählen müssen, damit die Linie wieder in die Senkrechte kommt und Sie wieder auf richtigen Kurs.

Die Routennavigation

Wegpunkte lassen sich zu Routen kombinieren. Sie besteht aus mindestens zwei Wegpunkten. Die Route wird im Datenspeicher unter Nummer und/ oder Name abgelegt und kann bei Bedarf aktiviert, umgekehrt, verändert, kopiert oder gelöscht werden.

Nach Aktivierung kommen wiederum die Leitsysteme zur Anwendung und führen Sie von Wegpunkt zu Wegpunkt.

Ein Beispiel (☞ dazu auch Übungskarte Abb. 21): Ein Rundkurs soll abgelaufen werden. Sie parken ihr Fahrzeug südlich der Brücke von

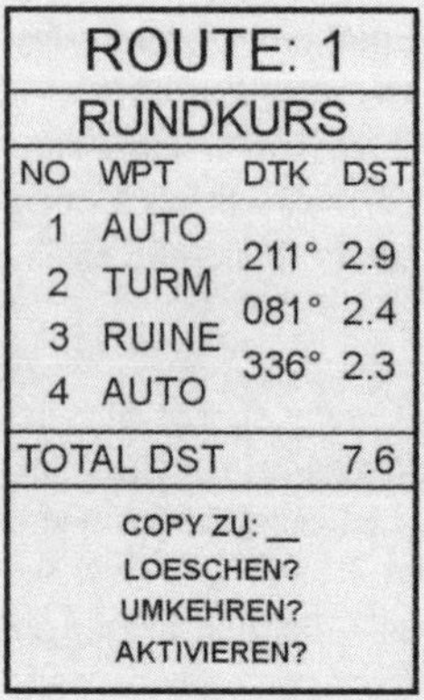

Abb. 47: Das Routenmenü

"Neudorf", dort wo der Feldweg beginnt. Sie schalten ihr Gerät auf Empfang und speichern den Parkplatz als Wegpunkt "Auto" direkt ab.

Die Koordinaten der Wegpunkte "Turm" und "Ruine" haben Sie bereits zu Hause manuell eingegeben. Sie kombinieren diese drei Wegpunkte wie in Abb. 47 dargestellt zu einer Route.

Das GPS - Gerät berechnet sofort Distanzen (DST) und Kurse (DTK = Desired Track/Sollkurs) zwischen den Teilstrecken. Die Route wird nun aktiviert und Sie folgen den graphischen Anweisungen der "Kompaßseite" ihres Gerätes.

Die Kursaufzeichnung

Das GPS-Gerät speichert den zurückgelegten Weg und stellt ihn auf der "Kartenseite" grafisch dar. Die Kursaufzeichnung ist im begrenzten Umfang individuell anpassbar.

Unter Optionen (OPT) können Sie wählen, ob Wegpunkte und/oder Routen angezeigt werden sollen, ob Entfernungsringe dargestellt werden sollen und wie die Karteseite orientiert sein soll, nach Norden oder nach Sollkurs.

Außerdem können Sie den Kartenauschnitt skalieren (ZOOM) oder verschieben (PAN) und den Kursaufzeichnungsspeicher löschen, falls die Karte überladen und unübersichtlich wird.

Abb. 48 zeigt ein Beispiel für eine Kursaufzeichnung. Wiedergegeben ist die Route aus Abb. 47. Dargestellt sind Wegpunkte und die aktive Route. Die Kartenseite ist nordwärts orientiert. Der Stern in der Mitte gibt die momentane Position wieder. Zur Zeit wird die Teilstrecke zum "Turm" abgearbeitet. Oben links ist der Sollkurs (DTK) und unten links der momentane Kurs (TRK) angegeben. Oben rechts ist die verbleibende Distanz (DST) zum Wegpunkt verzeichnet und unten rechts die momentane Geschwindigkeit (SPD).

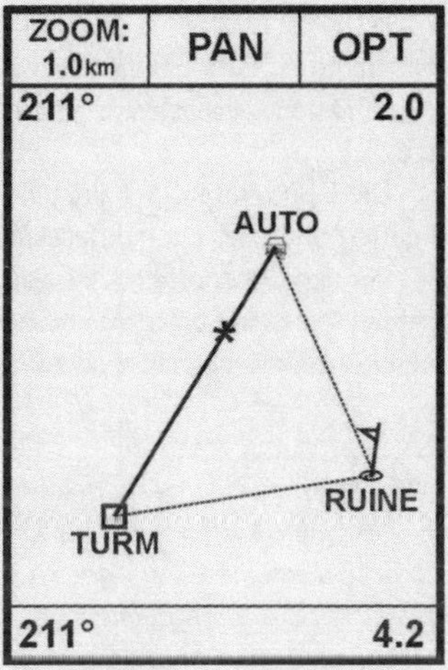

Abb. 48: Graphische Kursaufzeichnung

TracBack-Funktion

Die automatische Kursaufzeichnung ermöglicht das Zurückverfolgen des gespeicherten Weges.

Die TracBack-Funktion zerlegt selbständig den aufgezeichneten Kurs in Wegpunkte und erzeugt eine umgekehrte Route. Nach Aktivierung leitet Sie das System über die entsprechenden Navigationsseiten zum Ausgangspunkt der Kursaufzeichnung zurück.

Ein Beispiel
Sie wollen ohne Karte ein wenig querfeldein durch die Lande ziehen. Sie schalten ihr Gerät auf Empfang und löschen den Kursaufzeichnungsspeicher! Sie marschieren los und lassen das Gerät eingeschaltet - Ihr Kurs wird gespeichert. Schließlich wollen Sie zum Ausgangspunkt zurück. Sie aktivieren die TracBack-Funktion - die Kursaufzeichnung wird umgedreht - und gelangen auf gleichem Weg, geführt durch die Leitsysteme ihres Empfängers, zum Ausgangspunkt zurück.

Das Beispiel macht deutlich, daß ein GPS-Gerät auch ohne Karte benutzt werden kann. Trotzdem sollten Sie, schon aus Sicherheitsgründen, nie auf die vielfältigen Informationen, die eine topografische Karte bietet, verzichten.

Schnittstelle

Die meisten GPS-Empfänger verfügen heute über eine Schnittstelle, die einen Datenaustausch mit externen Geräten wie PC oder Kartenlesegerät möglich macht.

Die Input/Output-Schnittstelle wird in der Regel auf NMEA-Formate konfiguriert und über ein Interfacekabel mit dem externen Gerät verbunden.

Für den Outdoorbereich ist dieses nur am Rande interessant, denn selbst ein Laptop ist auf einer Wanderung mehr hinderlich als nützlich. In der Vorbereitungphase zu Hause allerdings kann eine Schnittstelle hilfreich sein.

Ein Anwendungsbeispiel
Mit bestimmter Navigationssoftware (etwa Fugawi Moving Map) kann man eingescannte Karten durch die Eingabe von drei Referenzpunkten auf ein Gitternetz ausrichten. Aus der so gewonnenen digitalen Karte können Wegpunkte und Routen definiert werden und diese per NMEA-Format auf den GPS-Empfänger übertragen werden. Umgedreht lassen sich Wegpunkte und Routen, die im GPS-Gerät vorerst nicht mehr gebraucht werden, auf die Navigationssoftware des PCs übertragen.

Zusatzfunktionen

Neben den Grundfunktionen werden immer mehr GPS-Handgeräte mit zusätzlichen navigatorische Hilfsmitteln ausgestattet.

- **Elektronischer Kompaß**: Der normale GPS-Empfänger gibt bei Stillstand keine Himmelsrichtungen an. Erst in der Fortbewegung wird der momentane Kurs ermittelt, aus dem sich dann die weitere Orientierung ergibt. Der elektronische Kompaß erleichtert diese Prozedur. Er arbeitet wie ein Magnetkompaß.
- **Städtedatenbank**: Eine Reihe von GPS-Geräten sind mit Städtedatenbanken ausgerüstet. In der Kursaufzeichnungsseite (Kartenseite) werden gespeicherte Städte am Display angezeigt. Dies kann eine recht nützliche Orientierungshilfe sein.

- **Eingebaute Karten**: Die höherpreisigen GPS-Handgeräte verfügen zunehmend über eingebaute Basiskarten (Basemaps). Sie zeigen u.a. Städte, Straßen, Eisenbahnlinien, Seen, Flußläufe und Küstenlinien. Diese Karten sind trotz ihrer Grobheit als Orientierungshilfe sehr brauchbar.

Bei einigen Modellen können die Basemaps via Schnittstelle um zusätzliche Informationen (Stadtpläne, Freizeittips) erweitert werden. Die Zusatzdaten werden per CD-Rom geliefert und über Interfacekabel auf eine Speicherkarte übertragen.

GPS in der Praxis

GPS kann mittlerweile auch im Outdoorbereich zusammen mit der topografischen Karte als vollwertiges Navigationssystem eingesetzt werden.

Die Geräte sind klein, leicht und robust und liefern Ergebnisse, die man mit dem Kompaß nie erreichen würde.

Allerdings muß der Umgang mit den Gerätefunktionen und die Interpretation der ausgeworfenen Daten immer wieder geübt werden. Ähnlich wie z.B. Handys werden die Geräte zunehmend mit Funktionen überfrachtet, so daß nur der ständige Umgang das Beherrschen garantiert.

Auch der Energieverbrauch bei Dauerbetrieb, zumal wenn man auf eine längere Tour geht, ist ein nicht unerhebliches Problem.

Doch GPS muß nicht nur im Dauerbetrieb eingesetzt werden. So kann eine sporadische Nutzung in Kombination mit dem Kompaß sehr gute Navigationsarbeit leisten. Das GPS-Gerät wird nur eingeschaltet, wenn man exakte Positionen braucht oder zur Errechnung von Kursen, die man dann auf den Kompaß überträgt.

Besonders geeignet ist das GPS bei schlechter Sicht und in Gebieten mit starker magnetischer Störung und extremer Mißweisung.

Doch wie auch immer, vorläufig sollte man auf topografische Karten und Wanderkompaß - schon aus Sicherheitsgründen - auf Tour nicht verzichten!

Die GPS-Terminologie

Bei der Lektüre dieses Kapitels oder bei der Beschäftigung mit GPS-Benutzerhandbüchern stolpern Sie immer wieder über Abkürzungen und angloamerikanischen Fachausdrücken. Die Wichtigsten finden Sie in der Liste kurz und knapp erklärt.

ALT	Altitude	Höhe
BAT	Battery	Batterie
BRG	Bearing	Peilung zum Wegpunkt
CDI	Course Deviation Indicator	Kursabweichungsanzeiger
CMG	Course Made Good	Zurückgelegter Kurs
CRS	Course	Kurs zum nächsten Wegpunkt
DST	Distance	Entfernung
DTK	Desired Track	Errechneter Kurs/Sollkurs
EPE	Estimated Position Error	Geschätzter Positionsfehler
ETA	Estimated Time of Arrival	Vorraussichtliche Ankunftszeit
ETE	Estimated Time Enroute	Zeitdauer bis zum Ziel
GRID	Geodetic Grid	Geodätisches Gitter
LAT	Latitude	Geografische Breite
LON	Longitude	Geografische Länge
MAG	Magnetic	Magnetisch
SA	Selective Availability	Bewußte Signalverfälschung
SPD	Speed	Geschwindigkeit
TRK	Track	Momentaner Kurs
TT	True Track	Rechtweisender Kurs
UT	Universal Time	Weltzeit
WPT	Waypoint	Wegpunkt
XTE	Cross Track Error	Kursversetzung

ÜBUNGSAUFGABEN UND LÖSUNGEN

Ausblick

GPS hat sich längst in See- und Luftfahrt durchgesetzt. Im Straßenverkehr werden zunehmend GPS gestützte Leitsysteme eingeführt. Und selbst der Freizeitbereich wird durch leistungsstarke, preiswerte Geräte nicht ausgespart.

Langsam geht es dem guten alten Magnetkompaß und der gedruckten topografischen Karte an den Kragen.

Der Siegeszug der Informationstechnologie ist unaufhaltsam und ihr Entwicklungspotential noch lange nicht ausgeschöpft.

Die Endgeräte werden immer kleiner, leistungsfähiger und anwenderfreundlicher; topografische Karten werden zunehmend digitalisiert und mit anderen Daten vernetzt.

Es ist heute nur noch ein kleiner Schritt bis GPS-Geräte mit hochaufgelösten Karten angeboten werden. Auch die Verknüpfung von Handy, Internet und GPS zur mobilen Kommunikations- und Orientierungseinheit im Taschenformat wird in nächster Zukunft Realität.

Gedruckte Karten und Kompasse werden dann nur noch als Sicherheitsreserve gebraucht. Ansonsten verschwinden sie in den Archiven der Navigationsgeschichte.

Doch bis das soweit ist, üben wir erst mal den Umgang mit Karte, Kompaß und GPS.

Viel Spaß dabei!

Übungsaufgaben

Alle Übungsaufgaben können mit Hilfe der Abb. 21 gelöst werden.

❶ Welche Angaben finden Sie im Kartenrahmen?
...im allgemeinen?
...in Abb. 21 speziell?

❷ Welches Gitter ist eingezeichnet?
❸ Wie groß ist der Abstand zwischen zwei Gitterlinien in Abb. 21?
❹ Welche Formen der Reliefdarstellung werden in der Karte Abb. 21 verwendet?
❺ 8 cm in einer Karte 1:25.000 wären wie viele Kilometer in der Natur?
❻ Geben Sie die Höhe der "Mühle" in Abb. 21 an.
❼ Nennen Sie die vollständigen UTM-Koordinaten für die "Mühle".
❽ Wie setzt sich eine UTM-Position zusammen? Schlüsseln Sie die Koordinaten der "Mühle" auf.
❾ Wie groß ist der Abstand und der Höhenunterschied zwischen "Mühle" und "Kirche" in der Realität?
❿ Wir peilen die "Kirche" unter 356° und den "Turm" unter 255°. Welcher Standort ergibt sind? Bitte UTM-Koordinaten angeben (Mißweisung bleibt unberücksichtigt).
⓫ Verwandeln Sie die Kartenpeilungen 356° und 255° in Kompaßpeilungen. Nadelabweichung -2.
⓬ Wir peilen ein Objekt unter 185° am Kompaß. Die Nadelabweichung 2001 sei 10°. Berechnen Sie die Kartenpeilung.
⓭ Ermitteln Sie grafisch und rechnerisch aus Meridiankonvergenz (–2°) und Deklination 1996 (5°; Jährliche Änderung –10') Deklination und Nadelabweichung 2001.
⓮ Sie befinden sich am "Turm" und wollen zum "Bahnhof". Bestimmen Sie den Kurs und Distanz in der Karte.
⓯ Vom Bootssteg am Wirtshaus wollen Sie bei Nebel zum Ausfluß des "Neudorfer See" paddeln. Wie gehen Sie vor? (nur ungefähre Kurse angeben).
⓰ Sie schalten Ihr GPS-Gerät ein und erhalten folgende Positionsmeldung: 32U5808506023150. Tragen Sie den Standort in die Übungskarte unter "Weg" ein. Geben Sie den Ort gleichlautend als WPT in ihr Gerät ein. Was heißt WPT?
⓱ Welche Angaben aus der Karte brauchen Sie, um Ihr GPS-Gerät an die Karte anzupassen?
⓲ Sie geben die Koordinaten der "Mühle" manuell im Gerät als Wegpunkt ein. Sie sind am WPT "Weg" und aktivieren den WPT "Mühle" als Zielpunkt. Nennen Sie PLG und DST. (Kursreferenz: "Netz").

Lösungen umseitig ☞

Lösungen der Übungsaufgaben

❶ a. Koordinatenwerte.
b. UTM-Koordinaten und geografische Koordinaten.

❷ UTM-Gitter.

❸ 2 cm; entspricht 1 km in der Natur.

❹ Höhen- und Tiefenpunkte, Höhenlinien, Reliefsignaturen.

❺ 2 km.

❻ 780 m.

❼ 32U5825506024775.

❽ 32U = Zonenfeld; 582550 = Ostwert; 6024775 = Nordwert.

❾ 3,1 cm >> 1,55 km / (780 m – 710 m) = 70 m.

❿ 32U5821006021200.

⓫ 356° +2° = 358° / 255° + 2° = 257°.

⓬ 195°.

⓭ Deklination 2001: 5° - 50' (5 Jahre x –10') = 4°10'.
Nadelabweichung: 2001: graphische Auswertung analog zu Abb. 27 = 6°10'.

⓮ Kurs: 93° / Distanz: 3,1 km.

⓯ Kurs etwa 150° auf Wald zu, dann Ufer nach Süden folgen oder am Westufer des Sees nach Süden hangeln.

⓰ Wegpunkt

⓱ Navigationseinstellungen: Positionsformat (hier UTM/UPS); Kartendatum (hier WGS 84); Einheiten (hier in Metern)

⓲ PLG: 46° / DST: 2,3 km

ANHANG

Geografische Buchhandlungen

▷ Aree Greul, Am Goldsteinpark 28, 60529 **Frankfurt/Main**,
☎ + FAX 069/6661817, 💻 <www.greulmountain-books.de>
✉ <greulalpin@t-online.de> ✉ <greulalpin@cs.com>

▷ Atlas Reisezentrum, Schauplatzgasse 31, CH-3011 **Bern**,
☎ 031/3119044, FAX 031/3125405,
💻 <www.atlastravelshop.ch>

▷ Baedeker, Friedrich-Ebert-Str. 31, 42103 **Wuppertal**,
☎ 0202/305011, FAX 0202/316344,
💻 <www.baedeker-buecher.de>
✉ <info@baedeker-buecher.de>

▷ Därr Expeditionsservice, Theresienstr. 66, 80333 **München**,
☎ 089/282032, FAX 089/282525, 💻 <www.daerr.de>
✉ <info@daerr.de>

▷ Dr. Götze Land & Karte, Bleichenbrücke 9, 20354 **Hamburg**,
☎ 040/3574630, FAX 040/3480318,
💻 <www.drgoetze.com> ✉ <info@drgoetze.com>

▷ Fata Morgana, Auf den Häfen 9-10, 28203 **Bremen**,
☎ 0421/78717, FAX 0421/703059, 💻 <www.fata-morgana-buch.de> ✉ <fata-morgana@t-online.de>

▷ Freytag & Berndt, Kohlmarkt 9, A-1010 **Wien** 1,
☎ 0222/5338685-0, FAX 0222/5338685-86,
💻 <www.freytagberndt.at> ✉ <shop@freytagberndt.at>

▷ Geo Buchhandlung Kiel, Schülperbaum 9, 24103 **Kiel**,
☎ 0431/91002, FAX 0431/94249,
💻 <www.geobuchhandlung.de> ✉ <geobuchkiel@t-online.de>

▷ GeoBuch, Rosental 6, 80331 **München**, ☎ 089/265030,
FAX 089/263713, 💻 <www.geobuch.de>
✉ <geobuch@t-online.de>

▷ Gleumes & Co, Hohenstaufenring 47-51, 50674 **Köln**,
☎ 0221/211550, FAX 0221/249417,
💻 <www.landkartenhaus-gleumes.de>
✉ <info@landkartenhaus-gleumes.de>

▷ Landkartenhaus Orgs, Rosastr.12, 45130 **Essen**,
☎ 0201/781778, FAX 0201/780402, 💻 <www.sutternet.de>

- ▷ Globetrotter Ausrüstungen, Bargkoppelstieg 12, 22145 **Hamburg**, ☎ 040/67966-179, FAX 040/67966-186, 🖳 <www.globetrotter.de> ✉ <info@globetrotter.de>
- ▷ Landkarten Schwarz, Eckenheimer Landstr. 36, 60318 **Frankfurt/Main**, ☎ 069/553869, FAX 069/5975166, 🖳 <www.landkarten-schwarz.de> ✉ <info@landkarten-schwarz.de>
- ▷ Landkartenhaus Voigt, Schiffstr. 6, 79098 **Freiburg**, ☎ 0761/23908, FAX 0761/2020054, 🖳 <www.landkarten-voigt.de,> ✉ <info@landkartenhaus-voigt.de>
- ▷ Reisebuchladen, Kolingasse 6, A-1090 **Wien**, ☎ 01/3173384, FAX 01/3198064
- ▷ Reisefibel, Salzgaßchen 21, 04109 **Leipzig**, ☎ 0341/9604641, FAX 0341/9604642, 🖳 <www.reisefibel.de> ✉ <info@reisefibel.de>
- ▷ Schropp, Potsdamer Str. 129, 10783 **Berlin**, ☎ 030/2355732-0, 🖳 <www.schropp.de> ✉ <landkarten@schropp.de>
- ▷ Travel Book Shop, Rindermarkt 20, CH-8001 **Zürich**, ☎ 01/2523883, FAX 01/2523832> 🖳 <www.travelbookshop.ch> ✉ <info@travelbookshop.ch>

(In alphabetischer Reihenfolge, ohne Anspruch auf Vollständigkeit!)

Kompaß- und GPS-Hersteller

- ▷ Eschenbach Optik (Kompaß), Postfach 1758, 90006 Nürnberg, ☎ 0911/36000, 🖳 <www.eschenbach-optik.de>
- ▷ Ferropilot (GPS/Magellan), Siemensstr. 35, 25462 Rellingen, ☎ 04101/30101, 🖳 <www.ferropilot.de>
- ▷ GPS-GmbH (GPS/Garmin), Lochhamer Schlag 5a, 82166 Gräfelfing/München, ☎ 089/8583640, FAX 85836444, 🖳 <www.gps-nav.de> 🖳 <www.garmin.de>
- ▷ Silva (Kompaß/GPS), Ingenieurbüro Onneken, Postfach 1480, 61365 Friedrichsdorf, ☎ 06172/78061-63, FAX 778370, 🖳 <www.onneken.de>

- Recta (Kompaß), C. Jul. Herbertz, Mangenberger Str. 334-336, 42655 Solingen, ☎ 0212/206300, FAX 0212/208763, ✉ <cj.herbertz@wtal.de> 🖳 <www.Herbertz-messerclub.de>
- Suunto GmbH (Kompaß), Mainzer Str. 116, 66121 Saarbrücken ☎ 0180/5788686, FAX 0180/5788687, 🖳 <www.suuntoeurope.com>

(Diese Liste erhebt keinen Anspruch auf Vollständigkeit.)

Weiterführende Literatur

- Hake, G; Grünreich, Dr: Kartografie, Verlag de Gruyter
- Kahl, Willi: Navigation für Expeditionen, Touren, Törns und Reisen. Orientierung in der Wildnis, Verlag Schettler
- Linke, Wolfgang: Orientierung mit Karte, Kompaß, GPS, Verlag Busse Seewald
- Monmonier, Mark: Eins zu einer Million. Die Tricks und Lügen der Kartografen, Verlag Birkhäuser
- Stein, Walter: Navigation leicht gemacht, Verlag Delius Klasing
- * Schrödter, Frank: GPS-Satelliten-Navigation, Verlag Franzis
- * Bachmann, Peter: Handbuch der Satellitennavigation, Motorbuch Verlag

* Diese Titel sind nicht mehr im Handel erhältlich, können aber in Bibliotheken ausgeliehen werden.

Artikel in Zeitschriften

- Outdoor 1/1994, S. 26 ff: Umgang mit Karte & Kompaß.
- Outdoor 2/1994, S. 72: Immer der Nadel nach. 5 Kompasse im Vergleich.
- Outdoor 4/1996, S. 74 f: GPS.
- Outdoor 8/1998, S. 46 f: Kompasse, Höhenmesser und GPS im Test.
- Outdoor 9/2000, S.118 ff: Orientierung mit Karte und Kompaß.
- Tours 2/1994, S. 136 f: Navigieren mit GPS, Karte und Kompaß.
- Tours 2/1999, S. 128 ff: Satelliten-Navigation für Einsteiger.

INDEX

Index

Weitere Handbücher für Outdoorfans

Mit dem Zelt unter dem klaren Sternenhimmel übernachten, abends noch am Feuer sitzen, morgens die Kühle des Waldes erleben und einen weiteren Tag vor sich haben mit nichts als der wunderbaren endlosen Wildnis um sich herum. Wer hat nicht schon davon geträumt, einfach einmal alles hinter sich zu lassen und die Natur hautnah zu erleben?

Doch gleichgültig ob man als gestandener Outdoor-Reisender zum wiederholten Male dem Ruf der Wildnis folgt oder zum ersten Mal "Outdoor-Luft" schnuppert, solch ein Abenteuer bedarf einer gründlichen Vorbereitung. Geschrieben von erfahrenen Outdoorern sind die **Outdoorhandbücher** des Conrad Stein Verlages da genau das Richtige. Mit vielen nützlichen Informationen, amüsanten Anekdoten, Fotografien, Karten und Skizzen vermitteln sie Basiswissen für Draußen und laden sie zum Schmökern - vor, während und nach der Reise - ein.

Symbole, wie zum Beispiel Smileys ☺ oder eine Hand ☞ weisen auf besondere Tips, Ärgernisse und andere interessante Kapitel hin. Eine klare Gliederung der Kapitel und Pfeile ▶ vor den wichtigsten Punkten machen es leicht, sich in den Handbüchern zurechtzufinden.

Dank ihres **handlichen Formats** passen sie in jede kleine Seitentasche am Rucksack oder in der Jacke und werden so zum ständigen Begleiter. Auch den Geldbeutel belasten sie verhältnismäßig wenig. Besonders schön: Die Stein-Handbücher veralten nicht, dafür sorgen **Updates** im Internet auf der **Homepage** des Verlages.

Wer mit dem Kompaß umgehen kann, der findet in dem Band Daumensprung und Jakobsstab interessante Möglichkeiten, Entfernungen sowie Höhen oder Tiefen ohne Zollstock oder Maßband zu messen. Diese können auch anhand mathematischer oder geometrischer Grundlagen mit einfachen Hilfsmitteln wie dem Kompaß bestimmt werden, den man unterwegs ja sowieso dabei haben sollte.

Für alle, die abseits ausgetretener Touristenpfade ihren Weg suchen, ist nicht nur der Kompaß, sondern auch das Buch Wildniswandern ein unentbehrlicher Begleiter. Wer Wandertouren in abgelegene Gebiete plant, der findet hier nützliche Tips zur Vorbereitung und zur Ausrüstung sowie praktische Ratschläge für unterwegs, denn jede Tour steht und fällt mit einer guten und sorgfältigen Planung.

Brenzlige Situationen unterwegs vermeiden hilft auch der Titel Wetter. Das Wetter können wir zwar nicht ändern, nach der Lektüre dieses Buches können Sie aber die Bauernregeln vergessen und Wetteränderungen, Vorboten von Unwettern und die Zeichen der Natur auch als Laie richtig deuten, um gegebenenfalls rechtzeitig umzukehren, einen sicheren Unterstand zu suchen oder das rettende Ufer zu erreichen.

Damit sich Ihr Kanu im aufkommenden Unwetter nicht selbständig macht, sollten Sie den Band Knoten studiert haben, der neben den klassischen Seglerknoten auch praktische Knoten für den Outdoorer parat hält, beispielsweise wie man einen stabilen Dreibein konstruiert, an den man in der Wildnis seinen Kochtopf hängen kann. Für den schmackhaften Topf- und Pfanneninhalt empfehlen sich die Titel Angeln und Eßbare Wildpflanzen, um ein schmackhaftes Menü auf den Teller zu bringen. Die leicht verständliche Anleitung sowie viele leckere Rezepte finden sich in dem Band Kochen 1 aus Rucksack und Packtasche. Merke: denn auch die spektakulärste Tour wird durch einen knurrenden Magen verdorben.

Wenn also das nächste Abenteuer lockt, vergessen Sie nicht Ihren "Stein"!

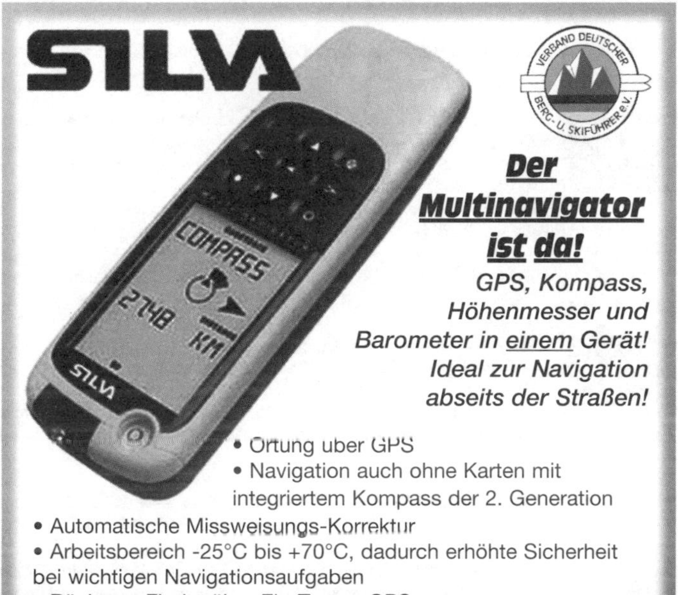
SILVA
VERBAND DEUTSCHER BERG- U. SKIFÜHRER e.V.
Der Multinavigator ist da!
GPS, Kompass, Höhenmesser und Barometer in einem Gerät! Ideal zur Navigation abseits der Straßen!
• Ortung über GPS
• Navigation auch ohne Karten mit integriertem Kompass der 2. Generation
• Automatische Missweisungs-Korrektur
• Arbeitsbereich -25°C bis +70°C, dadurch erhöhte Sicherheit bei wichtigen Navigationsaufgaben
• Rückweg-Finder über Ein-Tasten-GPS
• Luftdruck-Speicherung über 24 Stunden
• Wasserdicht
• Minimaler Stromverbrauch
ONNEKEN
www.onneken.de
Postfach 1480, 61365 Friedrichsdorf
Tel. 06172/78061-63
Fax 06172/778370
member of www.outdoornet.de

OutdoorHandbuch: Reihe Basiswissen für Draußen

Gesund unterwegs, Band 36, Dr. Karl Lang, 61 Seiten, 2 Karten.
ISBN 3-89392-136-2 - DM 12,80/öS 93/sfr 12,80/ 6,80

Viele beschränken sich in ihrer Urlaubsplanung nicht mehr nur auf Europa, so daß Impfungen notwendig werden. Immer mehr sind Fernziele in den Tropen oder Subtropen gefragt, in denen die hygienischen Bedingungen meist schlechter als bei uns sind. Ferner stellen unbekannte Infektionskrankheiten und Gifttiere ein Risiko dar. Dieser Ratgeber hilft Ihnen, im Urlaub gesund zu bleiben.

Erste Hilfe, Band 39, Martin Schepers, 116 S., 50 Illustrationen.
ISBN 3-89392-139-7 - DM 14,80/öS 108/sfr 14,80/ 7,80

Was muß ich tun, wenn ein Notfall eintritt, es aber weit und breit keinen Arzt gibt? Der Autor beschreibt Notfälle wie Unterkühlung, Sonnenstich, Verbrennungen, Vergiftungen usw. und gibt wertvolle Tips zur Ersten Hilfe. Er vermittelt auch genügend Hintergrundwissen, das Ihnen ermöglicht, die Maßnahmen leichter zu lernen und durchzuführen, da Sie ihren Sinn kennen.

Solotrekking, Band 45, D. Heim & D. Klawatzki, 85 S., 6 Skizzen.
ISBN 3-89392-145-1 - DM 12,80/öS 93/sfr 12,80/ 6,80

Das Buch wurde für die wachsende Schar alleinreisender Trekker verfaßt. Eine Solo-Trekking-Tour muß auch aus psychologischen Aspekten heraus sehr sorgfältig geplant werden. Die Autoren räumen mit ausführlichen Tips zur Planung und Vorbereitung einer Trekkingtour von der Ausrüstung bis zur Bewältigung von Krisen- und Notsituationen Zweifel künftiger Soloabenteurer aus dem Weg.

Für Frauen, Bd 48, Dr. Dietlinde Burkhardt & David Meissner, 78 S.
ISBN 3-89392-148-6 - DM 12,80/öS 93/sfr 12,80/ 6,80

Dieses Buch bietet eine Fülle von praktischen Tips nicht nur zur Ausrüstung und Gesundheit unterwegs, sondern auch zu wichtigen Themen wie Selbstverteidigung in brenzligen Situationen oder Verhalten in fernen Ländern. Als sinnvolle Ergänzung zu Reiseführern ist es nicht nur alleinreisenden Frauen zu empfehlen.

Fahrtensegeln, Band 58, Uli Mackel, 124 Seiten, 15 Abbildungen.
ISBN 3-89392-158-3 - DM 14,80/öS 108/sfr 14,80/ 7,80

Wer möchte nicht mal von der Tretmühle des nervenden Alltags abspringen und sich von einem Segelschiff neuen Horizonten entgegentragen lassen. Romantische Vorstellungen vom gemächlichen Dahingleiten können aber auch in Panik und Drama enden, wenn man nicht genügend vorbereitet ist. Dieses Buch hilft Ihnen, Ihre romantischen Vorstellungen ohne Desaster zu verwirklichen.

OutdoorHandbuch: Reihe Basiswissen für Draußen

Seekajak - *Ausrüstung Techniken Navigation*, Band 65, Stefan Jahn, 81 Seiten, 39 Skizzen, 2 Tabellen.
ISBN 3-89392-165-6 - DM 12,80/öS 93/sfr 12,80/ 6,80

Das Seekajak ist seit mehr als 2.000 Jahren das traditionelle Jagdfahrzeug der Eskimos. Das Buch gibt u.a. Tips für die Wahl des richtigen Bootes, eine Einführung in die Navigation sowie Hinweise zu Sicherungs- und Rettungsmethoden.

Minimal Impact - *Outdoor-naturverträglich*, Band 68, Martin Zwosta, 90 Seiten,15 Skizzen.
ISBN 3-89392-168-0 - DM 12,80/öS 93/sfr 12,80/ 6,80

Die unberührte Natur stellt für die meisten Wanderer den entscheidenden Reiz dar. Doch solche Refugien werden immer seltener, Regelungen und Verbote dagegen immer häufiger. Schuld daran hat ungewollt die wachsende Menge der Outdoorer. Das Buch hilft dem Leser zu verstehen, wie und warum Spuren und Schäden entstehen, die vermeidbar gewesen wären.

Abenteuer Teeniegruppe, Band 69, David Meissner, 89 Seiten.
ISBN 3-89392-169-9 - 12,80/öS 93/sfr 12,80/ 6,80

Outdoor-Abenteuer gewinnen in der Jugendarbeit an Bedeutung, aber wenige Outdoorer trauen sich eine Mitwirkung zu. Dabei sind Jugendliche die idealen Partner für abenteuerliche Unternehmungen: flexibel, neugierig und begeisterungsfähig. Der Leiter braucht aber einen Wissensvorsprung, um seine Truppe "im Griff" zu haben.

Wintertrekking, Band 70, D. Heim & D. Klawatzki, 86 S., 5 Abb.
ISBN 3-89392-170-2 - DM 12,80/öS 93/sfr 12,80/ 6,80

Hier werden die Besonderheiten und Reize einer Wintertour aufgezeigt. Sie unterscheidet sich stark von einer Tour im Sommer und erfordert andere Ausrüstung und gründlichere Vorbereitung. Außerdem trifft man im Winter auf andere Gefahren, gegen die entsprechende Vorbereitungen notwendig sind. Auch auf die notwendige kalorienreiche Verpflegung wird ausführlich eingegangen.

Schnorcheln & Tauchen, Bd 72, Stefan Haensch, 93 S., 32 Illus.
ISBN 3-89392-172-9 -12,80/öS 93/sfr 12,80/ 6,80

Wer einmal die Artenvielfalt und Farbenpracht tropischer Korallenriffe erlebt hat, wird sich immer wieder zur Unterwasserwelt hingezogen fühlen. Der Autor vermittelt sowohl dem Schnorchler als auch dem Gerätetaucher den richtigen und sicheren Einstieg in das Basiswissen des Tauchsports. Außerdem werden Sonderformen des Tauchens und Tauchreiseparadise vorgestellt.

OutdoorHandbuch: Reihe Basiswissen für Draußen

Trekkingreiten, Band 73, B. Heide & A. Waldeck, 104 S., 38 Illus.
ISBN 3-89392-173-7 - DM 14,80/öS 108/sfr 14,80/ 7,80

Das Reisen mit Pferden gehörte bis zur Jahrhundertwende in Europa und anderswo zum Alltag. Wer aber weiß heute noch, wie man ein Packpferd richtig belädt? Dieses Buch versteht sich als Leitfaden für die, die auf einem Pferderücken die Welt entdecken wollen. Es hilft bei der Auswahl des geeigneten Pferdes und der Ausrüstung für Mensch und Tier und gibt Tips für Problemsituationen.

Wohnmobil in USA und Kanada, Band 77, Ingrid und Wolfgang Sauer, 187 Seiten, 16 farbige Abbildungen und 2 Grundrißtafeln.
ISBN 3-89392-177-X - DM 19,80/öS 145/sfr 19,80/ 9,80

Das ideale Erlebnisfahrzeug um die Vielfalt der nordamerikanischen Landschaft zu erleben, ist das Wohnmobil. Deshalb haben sich Reisen mit diesem Gefährt zu einer beliebten Urlaubsform entwickelt. Das Buch informiert umfassend über alle Aspekte, hilft Anfängern bei der Planung und Vorbereitung und baut Vorurteile ab.

Regenwaldexpeditionen, Band 86, Dr. Norbert Baumbach, 126 Seiten,28 s/w Abbildungen.
ISBN 3-89392-186-9 - DM 14,80/öS 108/sfr 14,80/ 7,80

Eine Tour in den tropischen Regenwald stellt an den Trekker ganz besondere Anforderungen. Der Autor erklärt die komplexen Mechanismen dieses Ökosystems und beschreibt seine Gefahren. Der Autor leitete bisher vier Expeditionen in den Regenwäldern Venezuelas und besuchte die legendären Yanomami-Indianer.

Wattwandern, Band 94, Hartmut Engel, 122 S., 35 Abb., 10 Karten.
ISBN 3-89392-194-X - DM 14,80/öS 108/sfr 14,80/ 7,80

Neben Interessantem zur Entstehung des Watts, zu den verschiedenen Wattarten, zu typischen Tieren und Pflanzen, wird auf die Halligen und Inseln im Wattenmeer sowie den Nationalparks eingegangen. Beschrieben werden auch Wandermöglichkeiten durchs Watt, wobei auch auf Gefahren für Wanderer sowie auf Gefährdungen des Lebensraumes durch Touristen hingewiesen wird.

Kochen 2 *für Camper*, Band 99 (Herbst 2000), Claudia Erben, ca. 120 Seiten, ca. 15 Skizzen., ca. 10 s/w Fotos.
ISBN 3-89392-199-0 - DM 12,80/öS 93/sfr 12,80/ 6,80

Dieses Kochbuch erleichtert es Campern, Wohnmobilisten und Urlaubern in Ferienwohnungen sich selbst zu verpflegen. Es werden viele schmackhafte Gerichte vorgeschlagen, die mit wenig Ausrüstung und geringem Zeitaufwand zuzubereiten sind.

OutdoorHandbuch: Reihe Basiswissen für Draußen

Ausrüstung 1 - *von Kopf bis Fuß*, Band 100, Deutschmann & Schinabeck, ca. 125 Seiten, ca. 25 Abb. und Illus. (2001).
ISBN 3-89392-500-7 - DM 14,80/öS 108/sfr 14,80/ 7,80

Das Buch gibt eine detaillierten Überblick über die derzeitige Outdoorausrüstung von Mütze über Oberbekleidung, Regenschutz, Unterwäsche und Rucksack bis Stiefel sowie die Eigenschaften der entsprechenden Produkte. Es hilft, einen vernünftigen Mittelweg zwischen schlecht ausgerüstet und "over-equipped" zu finden.

Ausrüstung 2 - *für Camp und Küche*, Band 101, Deutschmann & Schinabeck, ca. 125 Seiten, ca. 25 Abb. und Illus. (erscheint 2001).
ISBN 3-89392-501-5 - DM 14,80/öS 108/sfr 14,80/ 7,80

Während im Band Ausrüstung 1 die “Software” am Outdoorer selbst behandelt wird, widmet sich dieses Buch ausführlich den Schlafsäcken, Kochern, Zelten, Isomatten und weiterem Zubehör wie beispielsweise Messer, Kompasse und Spaten.

Ballonfahren, Band 102, Thomas Oeding, 90 S. mit div. Abb.
ISBN 3-89392-502-3 - DM 12,80/öS 93/sfr 12,80/ 6,80

Dieses Buch vermittelt Grundwissen mit den Themen Ballonarten, Geschichte der Ballonfahrt, Angst, Altersgrenzen der Mitfahrer, Start und Landung, Rücksicht auf Land- und Forstwirtschaft sowie Naturschutz. Dieses Buch läßt keine Fragen offen und ermuntert sicher den einen oder anderen zu einer ersten Fahrt im Korb unter der bunten Hülle, die sich so hübsch am Himmel macht.

How to shit in the Woods *(Wie man im Wald sch...)*, Band 103, Kathleen Meyer, ca. 125 Seiten, ca. 10 Illus..
ISBN 3-89392-503-1 - DM 14,80/öS 108/sfr 14,80/ 7,80

Dies ist kein Kochbuch - ganz im Gegenteil! Über Jahrmillionen haben sich Menschen in die Wälder gehockt. Und heute? Der zunehmende Run auf die Natur, damit verbunden menschliche Tretminen, schreien geradezu nach einer kompetenten Anleitung, sein Geschäft draußen gesittet und mit Anstand zu verrichten.

Globetrotten, Band 104, Conrad Stein & Michael Cannain, ca. 125 Seiten, div. Illustrationen (Herbst 2000).
ISBN 3-89392-504-X - DM 14,80/öS 108/sfr 14,80 / 7,80

Das Kursbuch ins Abenteuer gibt handfeste Informationen für alle, die sich auf fremde Länder einlassen wollen. Die Tips zum Erleben und Überleben reichen von Ausrüstung und Fortbewegung über Gesundheit, Geld, Papierkram, Billigfliegen und Zwischenmenschliches bis zu dem, was man nach der Reise aus ihr machen kann.

Alle Bücher aus dem Conrad Stein Verlag

OutdoorHandbücher Basiswissen für Draussen

Band		DM
1	Rafting	12,80
2	Mountainbiking	12,80
3	Knoten	12,80
4	Karte Kompaß GPS	14,80
5	Eßbare Wildpflanzen	12,80
6	Skiwandern	12,80
7	Wildniswandern	12,80
8	Kochen 1 aus Rucksack u. Packtasche	12,80
9	Bergwandern	12,80
10	Solo im Kanu	12,80
11	Kanuwandern	14,80
12	Fotografieren	12,80
13	Wetter	12,80
14	Allein im Wald - Survival für Kinder	12,80
15	Wandern mit Kind	12,80
16	Sex-Vorbereitung Technik Varianten	12,80
20	Wüsten-Survival	14,80
21	Angeln	14,80
22	Leben in der Wildnis	14,80
24	Ratgeber rund ums Wohnmobil	14,80
25	Wale beobachten	14,80
30	Spuren & Fährten	14,80
31	Canyoning	14,80
34	Radwandern	14,80
35	Mushing - Hundeschlittenfahren	14,80
36	Gesund unterwegs	12,80
39	Erste Hilfe	14,80
45	Solotrekking	12,80
48	Outdoor für Frauen	12,80
58	Fahrtensegeln	14,80
65	Seekajak	12,80
68	Minimal Impact - Outdoor - naturverträglich	12,80
69	Abenteuer Teeniegruppe	12,80
70	Wintertrekking	12,80
72	Schnorcheln und Tauchen	12,80
73	Trekkingreiten	14,80
77	Wohnmobil in USA und Kanada	19,80
86	Regenwaldexpeditionen	14,80
94	Wattwandern	14,80
99	Kochen 2 für Camper	12,80
100	Ausrüstung 1 - von Kopf bis Fuß	14,80
101	Ausrüstung 2 - Camp und Küche (Herbst 2001)	14,80
102	Ballonfahren	12,80
103	How to shit in the Woods	14,80
104	Globetrotten	14,80
106	Daumensprung und Jakobsstab	14,80
108	Taschendoktor- Med. Ratgeber	12,80

OutdoorHandbücher Der Weg ist das Ziel

Band		DM
17	Schweden: Sarek	24,80
18	Schweden: Kungsleden	22,00
19	Kanada: Yukon	24,80
23	Spanien: Jakobsweg	24,80
26	West Highland Way (Schottland)	24,80
27	John Muir Trail (USA)	22,00
28	Landmannalaugar (Island)	22,00
29	West Coast Trail (Kanada)	22,00
32	Radtouren in Masuren (Polen)	24,80
33	Trans-Alatau (GUS)	22,00
37	Kanada: Bowron Lakes	22,00
38	Polen: Kanutouren in Masuren	24,80
40	Trans-Korsika - GR 20	24,80
41	Norwegen: Hardangervidda	24,80
42	Nepal: Annapurna	22,00
43	Schottland: Whisky Trail	24,80
44	Tansania: Kilimanjaro	24,80
49	USA: Grand Canyon Trails	22,00
50	Kanada: Banff & Yoho NP	22,00
51	Tasmanien: Overland Track	22,00
52	Neuseeland: Fiordland	22,00
53	Irland: Shannon-Erne	22,00
54	Südafrika: Drakensberge	22,00
55	Spanien: Pyrenäenweg GR 11	22,00
56	Polen: Drawa	19,80
57	Kanada: Great Divide Trails	22,00
59	Kanada: Wood Buffalo NP	19,80
60	Kanada: Chilkoot Trail	22,00
61	Kanada: Rocky Mountains/Rad	22,00

62	Irland: Kerry Way	22,00
63	Schweden: Dalsland-Kanal	24,80
64	England: Pennine Way	24,80
66	Alaska Highway	24,80
71	Spanien: Jakobsweg – Nebenrouten in Nordspanien	24,80
74	Nordirland: Coastal Ulster Way	22,00
76	Pfälzerwald-Vogesen-Weg	22,00
78	Polen: Pisa-Narew-Kanu	19,80
79	Bolivien: Choro Trail	22,00
80	Peru: Inka Trail u. Region Cusco	22,00
81	Chile: Torres del Paine	24,80
82	Norwegen: Jotunheimen	19,80
83	Neuseeland: Stewart Island	19,80
84	USA: Route 66	22,00
85	Finnland: Bärenrunde	19,80
87	Montblanc-Rundweg - TMB	19,80
88	Griechenland: Trans-Kreta	19,80
89	Schweden: Skåneleden	19,80
90	Mallorca: Serra de Tramuntana	19,80
91	Italien: Trans-Apennin	19,80
92	England: Themse	19,80
93	Spanien: Sierra Nevada	24,80
95	Norwegen: Nordkap-Route	24,80
96	Polen: Czarna Hancza/Biebrza-Kanu	19,80
98	England: Offa's Dyke Path	19,80
107	GR 5 Genfer See - Nizza (2001)	24,80
109	Mecklenburg. Seenplatte (2002)	19,80

OutdoorHandbücher Fernweh-Schmöker

Band		DM
46	Blockhüttentagebuch	24,80
47	Floßfahrt nach Alaska	22,00
75	Auf nach Down Under	14,80
105	Südsee-Trauminsel (Tom Neale)	19,80

ReiseHandbücher

	DM
Alaska	34,80
Antarktis	49,80
Australien-Handbuch	44,80
El Salvador/Honduras	34,80
Die Kirchen Gotlands	24,80
Grönland	26,80
Iran	44,80
Kanadas Westen	39,80
Kanalinseln	29,80
Kanarische Inseln	29,80
Kiel	19,80
Kiel von oben - Luftbildband	49,80
Komoren	24,80
Kurs Nord	49,80
Libanon	24,80
Libyen	39,80
Mexikos Süden, Belize & Guatemala	36,80
Neuseeland-Handbuch	36,80
Ontario mit Montréal & Québec	29,80
Phuket & Ko Samui	29,80
Reisen mit Hund	19,80
Rumänien	26,80
Schweiz	36,80
Sibirien	36,80
Slowakei	29,80
Spitzbergen-Handbuch	39,80
Tansania / Sansibar	39,80
Travel Planet - Almanach f. 4 Kontinente	29,80
Überwintern - Langzeiturlaub im Süden	19,80
USA - Nordwesten	34,80

Fremdsprech

Band		DM
1	Oh, dieses Dänisch	9,80
2	Oh, dieses Schwedisch	9,80
3	Oh, dieses Spanisch	9,80
4	Oh, dieses Englisch	9,80

040101

☺ **Weitere Bände in Vorbereitung.**
Fordern Sie unseren aktuellen Verlagsprospekt an.

Outdoor
Optics
ESCHENBACH
Innovation vor Augen